烘焙快乐厨房

一看就想吃的
烘焙新品

黎国雄◎主编

黑龙江科学技术出版社
HEILONGJIANG SCIENCE AND TECHNOLOGY PRESS

图书在版编目（CIP）数据

一看就想吃的烘焙新品 / 黎国雄主编. -- 哈尔滨：
黑龙江科学技术出版社，2018.1
　（烘焙快乐厨房）
　ISBN 978-7-5388-9402-8

　Ⅰ. ①一… Ⅱ. ①黎… Ⅲ. ①烘焙－糕点加工 Ⅳ.
①TS213.2

中国版本图书馆CIP数据核字(2017)第273181号

一 看 就 想 吃 的 烘 焙 新 品
YIKAN JIU XIANGCHI DE HONGBEI XINPIN

主　　编	黎国雄	
责任编辑	闫海波	
摄影摄像	深圳市金版文化发展股份有限公司	
策划编辑	深圳市金版文化发展股份有限公司	
封面设计	深圳市金版文化发展股份有限公司	
出　　版	黑龙江科学技术出版社	

　　　　　地址：哈尔滨市南岗区公安街70-2号　邮编：150007
　　　　　电话：（0451）53642106　传真：（0451）53642143
　　　　　网址：www.lkcbs.cn

发　　行	全国新华书店
印　　刷	深圳市雅佳图印刷有限公司
开　　本	685 mm×920 mm　1/16
印　　张	13
字　　数	120千字
版　　次	2018年1月第1版
印　　次	2018年1月第1次印刷
书　　号	ISBN 978-7-5388-9402-8
定　　价	39.80元

Contents
目录

Chapter 1 烘焙基础知识

Chapter 2 可爱酥脆小饼干

Chapter 3 时尚甜蜜小蛋糕

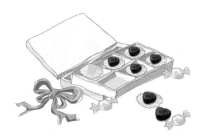
Chapter 4　松香可口烤面包

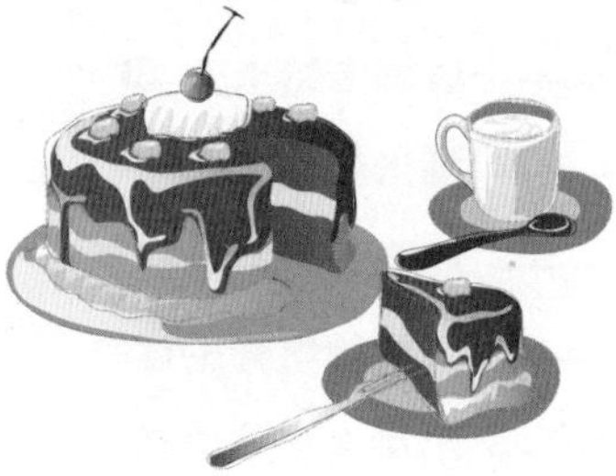

Chapter 5 精致浪漫小甜点

Chapter 1

烘焙基础知识

学习烘焙，从认识工具和材料开始，还有烘焙制作小技巧哦，快来一起学一学，让你的烘焙制作得心应手！

工具篇

　　面对各式各样的烘焙工具，到底该如何选择和使用呢？下面就来为你一一介绍，选择合适的工具，让你的烘焙制作更轻松。

01　擀面杖

擀面杖是制作面包过程中必备的工具，无论是把面团擀圆、擀平、擀长都需要用到哦，有时在饼干的制作过程中，擀面杖也能发挥大作用。

02　打蛋器

可分为手动打蛋器和电动打蛋器，手动打蛋器适用于打发少量黄油，或某些只需要混合搅拌的环节。电动打蛋器更方便省力，全蛋的打发及淡奶油的打发必须使用电动打蛋器。

03　慕斯框

主要用于凝固慕斯或提拉米苏等需要冷藏的蛋糕做定型，也可以在面包制作过程中作为定型模具。

04　边长 15 厘米方形蛋糕模

边长 15 厘米方形蛋糕模在制作蛋糕时使用频率较高，喜欢蛋糕的制作者可以常备。"活底"更方便蛋糕烤好后脱模，保证蛋糕的完整，非常适合新手使用。

05　直径 15 厘米中空蛋糕模

通常用于制作戚风蛋糕，模具中间凸起的部分，增加了蛋糕与模具的接触面积，有利于戚风蛋糕的发起，同时还可防止蛋糕塌陷。

06 橡皮刮刀

扁平的软质橡皮刮刀，适合用于搅拌面糊。在粉类和液体类材料混合的过程中起重要作用，在搅拌的同时，它可以紧紧贴在碗壁上，把附着在碗壁上的面糊和粉类刮得干干净净。

07 裱花嘴

用于定型奶油或面糊的圆锥形工具，一般是由铁质或不锈钢材料制作的，装入圆锥形裱花袋中使用。裱花嘴有多种形状，可以使奶油和面糊挤出不同的形状，通常用于蛋糕、甜点和饼干的制作过程。

08 塑料刮板

粘在操作台上的面团可以用塑料刮板铲下来，它也可以协助我们把整形好的小面团移到烤盘上去，还可以分割面团。

09 烤网架

用于烘焙产品出炉后的冷却、倒扣，网状结构有利于加速烘焙产品散热，同时可有效避免蛋糕萎缩、塌陷。

10 电子秤

在制作烘焙产品的过程中，我们需要称量材料精准的质量是多少，此时就需要选择性能良好的电子秤，以保证烘焙产品的口感和风味达到最佳状态。

材料篇

　　巧妇难为无米之炊，材料是烘焙产品的基础，选择恰当的烘焙食材至关重要，你还分不清楚吗？快跟我一起来看一看吧！

01 面粉

面粉通常可分为高筋面粉、中筋面粉及低筋面粉。
高筋面粉筋度大、有黏性，用手抓不易成团。中筋面粉呈半松散质地，筋度和黏度较均衡。低筋面粉用手抓易成团，可以使烘焙产品的口感较松软。

02 无盐黄油

无盐黄油即从牛奶中提炼出来的油脂，通常需要冷藏储存，使用时要提前室温软化，若温度超过34℃,黄油会呈现为液态。

03 淡奶油

淡奶油即动物奶油，脂肪含量通常在30%~35%，可打发作蛋糕的装饰，也可作为原料直接加入到蛋糕制作中。日常需冷藏储存，使用时再从冰箱拿出，否则可能无法打发。

04 奶油奶酪

奶油奶酪是牛奶浓缩、发酵而成的奶制品，蛋白质和钙含量高，人体更易吸收。奶油奶酪日常需要密封冷藏储存，通常显现为淡黄色，具有浓郁的奶香，是制作奶酪蛋糕的常用材料。

05 可可粉

可可粉由可可豆加工处理而来，通常呈棕色或褐色粉末状，可作为巧克力蛋糕的制作原料，也可在蛋糕完成后将可可粉撒于表面，起到装饰作用。作装饰用的可可粉需选用防潮型。

06 ▶ 香草精

香草精是一种从香草中提炼的食用香精，制作烘焙产品时常用于去除蛋腥味或是用来制作香草口味点心，也可用香草荚代替。

07 ▶ 泡打粉

泡打粉又称复合膨松剂、发泡粉和发酵粉，是由小苏打粉加上其他酸性材料制成的，能够通过化学反应使烘焙产品快速变得膨松、软化，增强蛋糕和面包的口感。因所含化学物质较多，要避免长期食用。

08 ▶ 吉利丁片

吉利丁片是从动物骨头中提取出来的胶质，通常呈黄褐色、透明状。在使用前需要用水泡软，通常用于制作慕斯蛋糕，拌匀到慕斯液的制作过程中，起到凝固作用。

09 ▶ 酵母粉

酵母粉是以酵母菌为主的一种发酵性物质，主要是利用活性酵母在繁殖过程中产气从而对面团起发酵作用，含有丰富的蛋白质、氨基酸、维生素和微量元素。

10 ▶ 巧克力

巧克力可分为普通巧克力及烘焙巧克力，普通巧克力通常需要隔水加热熔化，加入到烘焙产品制作过程中；烘焙巧克力熔点较高，在烘烤过程中不会熔化，可直接与烘焙产品一起入炉并作为装饰。

蛋糕制作小技巧

　　蛋糕制作虽然并不是非常困难，但是细节决定成败哦，对于细节的把握将直接影响蛋糕的品质和口感，快来看看有哪些小技巧吧。

01 如何打发全蛋？

　　打发全蛋时，因为蛋黄含有脂肪，所以较难打发。在打发时，可借助隔水加热，将温度控制在 38℃左右，若超过 60℃，则可能将蛋液煮熟。加入细砂糖后，最好用手动打蛋器立刻搅拌，随后用电动打蛋器快速搅拌至蛋液纹路明显、富有光泽即可。

02 如何避免磅蛋糕水油分离？

　　水油分离是磅蛋糕制作过程中的常见问题，操作过程中需要注意以下几点：首先，在加入鸡蛋时，不能一次性加入，要分次分量，以便更好地融合；其次，倒入粉类后不能过度搅拌。如果还是不可避免地出现了水油分离，可再加入面粉总量的1/2，继续搅拌，进行补救。

03 搅拌手法

　　在筛入粉类时，不可过快地搅拌面糊，要采用轻柔的手法，用塑料刮刀将面糊从下往上舀起，一直重复此动作，直至粉类物质完全融合，形成有光泽的蛋糕糊。此方法可减少对蛋糕糊气泡的破坏，使蛋糕口感更细腻。

04 戚风蛋糕放凉后，吃起来为何有湿润的感觉？

戚风蛋糕的回潮现象通常来源于两个原因：一是蛋糕面糊在制作完成后，没有及时烘烤，导致面糊已经消泡；二是在烘烤过程中，温度不够或烘烤时间不足，导致蛋糕没有充分烤熟烤透。适当增加烘烤时长或将温度调高约10℃即可。

05 制作蛋糕的植物油能否用其他油代替？

可用一般的可食用液态油代替，但为了保证蛋糕的口感和味道，应尽量选择气味较淡的油类，避免选择花生油、芝麻油等味道较重的油类。在蛋糕中添加适量的油脂可起到口感更松软的效果。

06 出炉后的操作：如何使蛋糕不塌陷？

蛋糕出炉后出现塌陷状况是许多制作者都可能遇到的问题，采用以下两种方法，可以有效减少塌陷哦。首先，蛋糕出炉后要放到桌面震荡几下，震出蛋糕中的水汽；其次，将蛋糕倒扣在散热架上，利用地心引力减少蛋糕的塌陷，保持蛋糕表面平坦。

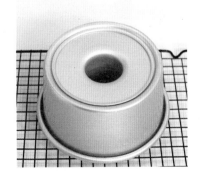

面包制作小技巧

松软的面包是如何做出来的呢？每一步都很关键哦，贴心小技巧让你事半功倍，在家也能还原出来自面包店的经典味道。

01 揉面技巧

1. 揉面的过程中，用手抓住面团的一端，另一只手按压拉长面团，再用力往外甩，重复这样的揉面动作可以使面团更快地起劲。

2. 揉面至延展阶段，即把面团揉至八成，面团的状态为慢慢拉开可以形成不易断裂的薄膜，破洞呈锯齿状，这种状态的面团适合做普通的甜面包；在此基础上继续揉面至形成能印出指纹的薄膜，破洞边缘光滑，即把面团揉至了十成，就适合做吐司。

02 发酵技巧

1. 家庭中最简易的发酵方式是利用喷雾和湿布对面团进行发酵，这样的发酵过程耗时较长。如有条件的话可以购买一个发酵箱或有发酵功能的烤箱，省心又省力。

2. 发酵正常的面团，用手指蘸少许干面粉在面团上戳个洞，不回缩就表示面团已经发酵好了。

03 揉圆面团的技巧

1. 对于小面团，可将面团扣在手心里，用大拇指及手掌根部推动面团画圈，使其成为表面光滑的圆球。

2. 对于大面团，可将两手放在面团前面，将面团向自己身体方向拉，然后调转90°做重复向自己身体方向拉的动作，直至面团成为表面光滑的圆球。

04 整形技巧

1. 在把面团擀平后、面团卷起之前，把卷起的边缘用手指往外推压变薄，可以方便面团卷起后的收口捏合。

2. 揉圆后的面团需要盖上保鲜膜在操作台上松弛一定的时间。盖保鲜膜是为了避免在面团松弛的过程中干燥；揉圆后的面团弹性较强，延展性不足，如果强行整形，面团会很快回弹，也很容易将面团擀断，所以需要松弛。

3. 在对较湿软的面团进行整形时，可以使用适量的高筋面粉，用量为可满足整形要求的最少量，如果过多则会影响面包组织。

05 烤箱温度调整技巧

关于烤面包的温度，书中会给出大致的参考，而实际操作的时候需要根据家庭烤箱的温度调整。如果根据书中的温度烤出来的东西焦了，说明此烤箱的温度比标准温度高一些，就可以在书中所标的温度上以5℃为单位向下调整；反之，东西没烤熟就说明家用的烤箱温度比较低，则应上调5℃。当然你也可以买一个烤箱温度计，更精准地控温。

本书烘焙产品因采用的烤箱型号不同，部分使用上、下火温度，部分使用单一温度，烘焙制作者应根据实际所使用的烤箱适当调整烘烤温度。

Chapter 2

可爱酥脆小饼干

烘焙入门第一课，亲手制作属于你的小饼干，
不仅口味多样，造型也能百变哦！酥脆又松香，
让你一口接着一口，根本停不下来！

「蔓越莓曲奇」

时间: 55 分钟

看视频学烘焙

材料 Material

无盐黄油---125 克
糖粉--------- 60 克
盐-------------1 克
蛋黄--------- 20 克
低筋面粉---170 克
蔓越莓干---- 25 克

做法 Make

1. 将室温软化的无盐黄油和糖粉放入搅拌盆中，用橡皮刮刀搅拌均匀。

2. 倒入蛋黄（打散）继续搅拌，至蛋黄与无盐黄油完全融合。

3. 再加入盐及蔓越莓干，搅拌均匀。

4. 筛入低筋面粉，用橡皮刮刀搅拌均匀，用手轻轻揉成光滑的面团（注意揉面团的时候不要过度，否则，面团容易出油）。

5. 将面团揉搓成圆柱体，用油纸包好，放入冰箱冷冻约 30 分钟。

6. 取出面团，用刀将其切成厚度约 4.5 毫米的饼干坯，放在烤盘上。

7. 烤箱以 175℃预热，将烤盘置于烤箱中层，烘烤约 15 分钟即可。

「巧克力曲奇」

时间： 50~53 分钟

看视频学烘焙

材料 Material

无盐黄油---- 50 克
细砂糖------100 克
鸡蛋液------ 25 克
低筋面粉---150 克
可可粉--------5 克

做法 Make

1. 无盐黄油室温软化，放入干净的搅拌盆中。

2. 加入细砂糖，搅拌均匀。

3. 倒入鸡蛋液，搅拌均匀，至鸡蛋液与无盐黄油完全融合。

4. 筛入低筋面粉及可可粉，用橡皮刮刀搅拌均匀，用手轻轻揉成光滑的面团（注意揉面团的时候不要过度，否则，面团容易出油）。

5. 将面团揉搓成圆柱形，放入冰箱冷冻约 30 分钟，方便切片操作。

6. 取出，将面团切成厚度约 4 毫米的饼干坯，放在烤盘上。

7. 烤箱预热 180℃，将烤盘置于烤箱的中层，烘烤 10~13 分钟。

8. 取出后放凉即可食用。

「奥利奥可可曲奇」

时间： 45~55 分钟

看视频学烘焙

材料 Material

无盐黄油---150 克

黄砂糖------100 克

细砂糖------ 20 克

盐--------------2 克

鸡蛋液------ 50 克

低筋面粉------- 195 克

杏仁粉----------- 30 克

泡打粉--------------2 克

入炉巧克力------ 35 克

奥利奥饼干碎 --- 20 克

做法 Make

1. 将无盐黄油室温软化，放入搅拌盆中，加入细砂糖，搅拌均匀。

2. 加入黄砂糖，搅拌均匀。

3. 倒入鸡蛋液，搅拌均匀，至鸡蛋液与无盐黄油完全融合。

4. 加入盐、泡打粉及杏仁粉，搅拌均匀。

5. 将入炉巧克力切成小颗粒，加入到步骤 4 中，搅拌均匀。

6. 筛入低筋面粉，搅拌至无干粉状态，用手轻轻揉成光滑的面团，放入冰箱冷冻约 15 分钟。

7. 拿出后，将面团揉搓成圆柱形，再次放入冰箱冷冻约 15 分钟，方便切片操作。

8. 取出面团，在表面均匀撒上奥利奥饼干碎。

9. 将面团切成厚度约 4 毫米的饼干坯，放在烤盘上。放入预热至 180℃ 的烤箱中层，烘烤 12~15 分钟即可。

看视频学烘焙

「西瓜双色曲奇」

时间：55 分钟

材料 Material

无盐黄油---- 50 克

糖粉--------- 25 克

盐-------------- 1 克

鸡蛋液------- 20 克

低筋面粉---100 克

抹茶粉-------- 适量

香草精------- 适量

黑芝麻------- 少许

红色色素----- 适量

做法 Make

1. 将无盐黄油、糖粉放入搅拌盆中，用手动打蛋器搅拌均匀。

2. 倒入鸡蛋液，搅拌均匀，再倒入盐及香草精，搅拌均匀。

3. 筛入低筋面粉，用橡皮刮刀搅拌至无干粉状态。

4. 分出一半的面团，筛入抹茶粉，揉均匀。

5. 另一半面团中加入红色色素，揉均匀。

6. 将两份面团放入冰箱冷冻约 30 分钟，取出后分别揉搓成圆柱形。再把绿色面团擀成厚度约 3 毫米的面片，包在红色面团外面，揉搓成圆柱形。

7. 用刀将做法 6 中的圆柱形切成厚度约 4.5 毫米的饼干坯，放在烤盘上并在表面撒上黑芝麻装饰成小西瓜子。

8. 放进预热至 175℃的烤箱中层，烘烤约 15 分钟即可。

看视频学烘焙

「芝士脆饼」

 时间：25分钟

材料 Material

无盐黄油---100 克

细砂糖------- 60 克

蛋黄---------- 20 克

低筋面粉---160 克

芝士粉------- 20 克

盐-------------1 克

做法 Make

1. 将无盐黄油放入搅拌盆中，搅拌均匀。

2. 加入细砂糖，搅拌均匀。

3. 倒入蛋黄，搅拌均匀。

4. 加入盐及芝士粉，再筛入低筋面粉。

5. 搅拌均匀至无干面粉状态，用手轻轻揉成光滑的面团（注意揉面团的时候不要过度，否则面团容易出油）。

6. 将面团用擀面杖擀成厚度约 4 毫米的面片。

7. 先将面片切成三角形，再用圆形模具抠出圆形，做出奶酪造型的饼干坯，将饼干坯放置在烤盘上。

8. 烤箱预热至 180℃，将烤盘置于烤箱的中层，烘烤约 15 分钟即可。

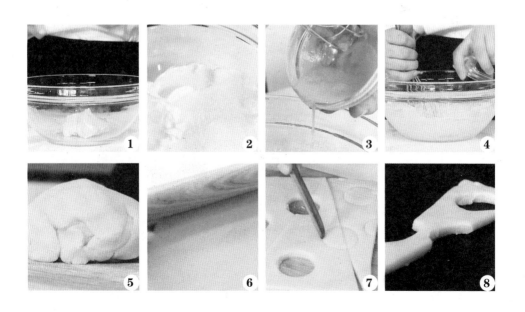

看视频学烘焙

「果酱年轮饼干」

时间：85 分钟

材料 Material

无盐黄油---- 90 克

细砂糖------- 80 克

盐-------------- 1 克

鸡蛋------------ 1 个

低筋面粉---200 克

草莓酱------- 40 克

蔓越莓干---- 20 克

做法 Make

1. 将无盐黄油放入搅拌盆中。

2. 加入细砂糖及盐，用电动打蛋器搅打至蓬松发白状态。

3. 倒入鸡蛋，搅打均匀，至鸡蛋液与无盐黄油完全融合。

4. 筛入低筋面粉，搅拌均匀至无干面粉状态，制成饼干面团。

5. 将饼干面团包上保鲜膜，放入冰箱冷冻约 30 分钟。

6. 取出面团，用擀面杖擀成厚度约 5 毫米的面片。

7. 在面片的表面抹上草莓酱。

8. 再撒上些许蔓越莓干。

9. 将面片卷好，放入冰箱冷冻约 30 分钟。

10. 取出面团，切成厚度为 7~8 毫米的饼干坯。

11. 将饼干坯放在铺有油纸的烤盘上。

12. 烤箱以 180℃预热，烤盘置于烤箱的中层，烘烤 15 分钟即可。

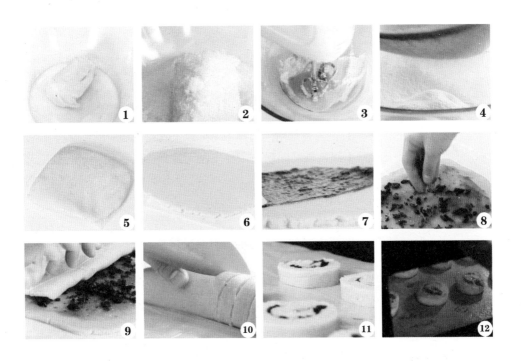

「扭扭曲奇条」

时间: 20 分钟

看视频学烘焙

材料 Material

无盐黄油---- 80 克
绵白糖------- 60 克
鸡蛋液------- 25 克
低筋面粉---100 克
可可粉--------8 克
香草精------- 适量

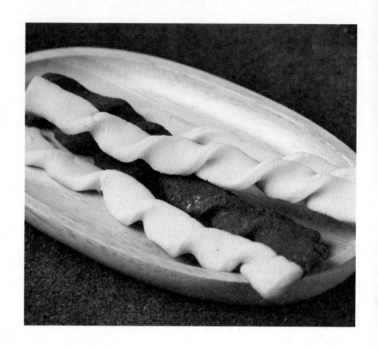

做法 Make

1. 将无盐黄油放入干净的搅拌盆中，加入绵白糖搅拌均匀。

2. 倒入鸡蛋液，搅拌均匀。

3. 倒入香草精，搅拌均匀，以去除鸡蛋液中的腥味。

4. 筛入低筋面粉，用橡皮刮刀搅拌均匀，用手轻轻揉成光滑的面团（注意揉面团的时候不要过度，否则，面团容易出油）。

5. 分出一半的面团，加入可可粉揉均匀。

6. 将两份面团，分别用擀面杖擀平，切成正方形，再切成长条形饼干坯。

7. 然后将黑、白饼干坯分别扭成螺旋形状，放置在烤盘上。

8. 烤箱预热至 170℃，将烤盘置于烤箱的中层，烘烤约 10 分钟即可。

「 意式杏仁脆饼 」

时间： 53~55 分钟

看视频学烘焙

材料 Material

低筋面粉---- 80 克

可可粉------- 20 克

黄砂糖------- 30 克

盐----------- 0.5 克

鸡蛋液------- 10 克

大豆油---- 15 毫升

杏仁片------- 35 克

做法 Make

1. 将低筋面粉、可可粉、盐、黄砂糖及杏仁片放入干净的搅拌盆中，用手动打蛋器搅拌均匀。

2. 倒入大豆油，搅打均匀。

3. 倒入鸡蛋液，搅打均匀，用手轻轻揉成光滑的面团（注意揉面团的时候不要过度，否则，面团容易出油）。

4. 用擀面杖将面团擀成厚度约 1.5 厘米的方形面团。

5. 将面团放入冰箱冷冻约 30 分钟，方便切片操作。

6. 取出面团，切成长条状的饼干坯，放置在烤盘上。

7. 烤箱预热至 180℃，将烤盘置于烤箱的中层，烘烤 13~15 分钟即可。

看视频学烘焙

「饼干棒」

时间：24 分钟

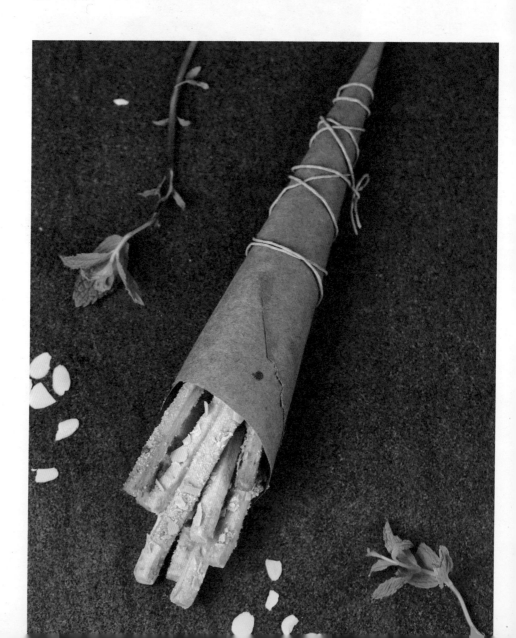

材料 Material

细砂糖------- 33 克

无盐黄油---150 克

冰水------- 75 毫升

低筋面粉---200 克

盐-------------- 1 克

蛋黄---------- 20 克

食用油---- 10 毫升

杏仁片------- 30 克

做法 Make

1. 将无盐黄油放入干净的搅拌盆中，用橡皮刮刀压软。

2. 将 13 克细砂糖、盐放入装有无盐黄油的搅拌盆中，搅拌均匀。

3. 倒入蛋黄搅拌均匀后，倒入冰水，持续搅拌至完全融合。

4. 筛入低筋面粉，用橡皮刮刀摁压至无干粉，用手轻轻揉成光滑的面团（注意揉面团的时候不要过度，否则，面团容易出油）。

5. 用擀面杖将面团擀成厚度约 4 毫米的饼干面片。

6. 将面片切成正方形，再切成细长条状，并移至烤盘。

7. 在长条状的饼干坯上刷食用油，再撒上剩余的 20 克细砂糖。

8. 将杏仁片切碎，装饰在饼干坯上。烤箱以 185℃预热，将烤盘置于烤箱的中层，烘烤约 14 分钟即可。

看视频学烘焙

「核桃焦糖饼干」

时间：70分钟

材料 Material

无盐黄油---180 克

细砂糖------- 80 克

盐--------------2 克

鸡蛋液------- 15 克

低筋面粉---120 克

杏仁粉------- 40 克

淡奶油------- 40 克

蜂蜜---------- 40 克

核桃仁------100 克

做法 Make

1. 取一个干净的搅拌盆，将 100 克无盐黄油和 40 克细砂糖放入并搅拌均匀。

2. 倒入鸡蛋液，搅拌均匀。

3. 筛入低筋面粉、杏仁粉及盐，用橡皮刮刀搅拌均匀，用手轻轻揉成光滑的面团。

4. 将揉好的面团包上保鲜膜，放入冰箱冷藏约 30 分钟。

5. 取出面团，用擀面杖擀成厚度约 4 毫米的面片。

6. 撕开保鲜膜后，将面片放置在铺有油纸的烤盘上。

7. 准备一个小叉子，将面片戳若干个透气孔。

8. 将烤盘放入预热至 150℃的烤箱中层，烘烤约 15 分钟。

9. 将 80 克无盐黄油和 40 克细砂糖煮至微微焦黄，再将淡奶油和蜂蜜倒入其中。

10. 加入核桃仁，搅拌均匀，制成焦糖核桃。

11. 将焦糖核桃放在烘烤好的饼干上，用橡皮刮刀抹平。

12. 放入烤箱，以 150℃再烘烤约 15 分钟，放凉，切成正方形的饼干即可食用。

「全麦巧克力薄饼」

时间：22~25 分钟

看视频学烘焙

材料 Material

低筋面粉---- 70 克
淡奶油------- 10 克
全麦面粉---- 25 克
无盐黄油---- 50 克
细砂糖------- 30 克
盐----------- 0.5 克
黑巧克力---100 克

做法 Make

1. 取一个干净的搅拌盆，放入无盐黄油和细砂糖，用手动打蛋器搅拌均匀。

2. 倒入淡奶油及盐，搅拌均匀。

3. 加入全麦面粉，筛入低筋面粉，搅拌至无干粉状态，用手轻轻揉成光滑的面团（注意揉面团的时候不要过度，否则，面团容易出油）。

4. 用擀面杖将面团擀成厚度约 4 毫米的面片。

5. 用圆形模具在面片上压出饼干坯。

6. 取其中一半的饼干坯在中心处用星星模具镂空，将其覆盖在另一半完整的饼干坯上，再将其放入烤盘。烤箱预热至 180℃，将烤盘置于烤箱的中层，烘烤 12~15 分钟。

7. 取出后，将熔化的黑巧克力液注入饼干中心的星星凹槽中。

「糖花饼干」

时间：22~25 分钟

看视频学烘焙

材料 Material

低筋面粉---140 克

椰子粉------- 20 克

可可粉------- 20 克

糖粉--------- 60 克

盐------------- 1 克

鸡蛋液------- 25 克

无盐黄油---- 60 克

香草精--------- 3 克

黑巧克力---100 克

彩色糖粒----- 适量

做法 Make

1. 将室温软化的无盐黄油及糖粉放入搅拌盆中，搅拌均匀。

2. 依次倒入鸡蛋液及香草精，每倒入一样材料都需要搅拌均匀。

3. 加入椰子粉搅拌均匀，放入盐，筛入可可粉和低筋面粉，搅拌至无干面粉状态，用手轻轻揉成光滑的面团（注意揉面团的时候不要过度，否则，面团容易出油）。

4. 用擀面杖将面团擀成厚度约 4 毫米的面片。

5. 用带花形的圆模具压出相应形状的饼干坯，放在烤盘上。

6. 烤箱预热至 175℃，将烤盘置于烤箱的中层，烘烤 12~15 分钟。

7. 在烘烤的过程中，将黑巧克力隔水加热熔化。

8. 取出饼干，蘸上黑巧克力液，撒上彩色糖粒做装饰即可。

「 樱桃硬糖曲奇 」

时间：22~25 分钟

材料 Material

无盐黄油---- 50 克

糖粉---------- 25 克

盐-------------- 1 克

全蛋液------- 20 克

低筋面粉---100 克

泡打粉--------- 1 克

樱桃味硬糖-- 适量

黑巧克力----- 适量

做法 Make

1. 将室温软化的无盐黄油及糖粉倒入搅拌盆中，打发至蓬松羽毛状。再加入盐，搅打均匀。

2. 分次加入全蛋液，搅打均匀。

3. 筛入低筋面粉和泡打粉。

4. 用橡皮刮刀切拌均匀至无干粉状态，揉成光滑的面团。

5. 用擀面杖将面团擀成厚度约为 2 毫米的面片，使用花形压模压出形状。

6. 其中一半压好的面片，用裱花嘴压出对称的 2 个小圆。

7. 将压了小圆的面片贴合在完整的面片之上，再将其移至烤盘。

8. 烤箱预热至 160℃，将烤盘置于烤箱的中层，烘烤 7~8 分钟至半熟。

9. 将樱桃硬糖压碎，取出半熟的饼干，将糖碎放在饼干的小圆凹槽中。烤箱温度调至 180℃，将烤盘置于烤箱的中层，烘烤 5~7 分钟后取出。

10. 用装了隔水熔化的黑巧克力液的裱花袋，在放凉的饼干上装饰出樱桃梗的形状，待巧克力液晾干后即可。

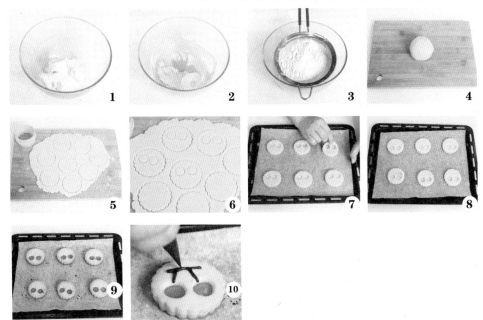

「连心奶香饼干」

时间：33～35 分钟

材料 Material

无盐黄油---- 65 克

糖粉---------- 50 克

蛋黄-----------1 个

香草精--------1 克

低筋面粉---130 克

食用色素----- 适量

做法 Make

1. 无盐黄油室温软化，稍打至体积膨胀、颜色变浅。

2. 加入糖粉，搅打均匀。

3. 加入香草精。

4. 加入蛋黄，搅打均匀。

5. 加入食用色素，将色素与无盐黄油等搅拌均匀。

6. 筛入低筋面粉，用橡皮刮刀翻拌至无干粉状态。

7. 揉成光滑的面团后，用擀面杖将其擀成厚度为3毫米的面片。

8. 用连心模具压出相应的形状，移入烤盘。

9. 烤箱预热至160℃，将烤盘放置在烤箱的中层，烘烤约15分钟后再在烤箱内放置8~10分钟即可。

「夏威夷果酥」

时间：22 分钟

看视频学烘焙

材料 Material

无盐黄油---- 50 克
细砂糖------- 20 克
鸡蛋液------- 25 克
低筋面粉---100 克
泡打粉--------- 1 克
夏威夷果----- 适量

做法 Make

1. 无盐黄油中加入细砂糖，搅拌均匀。

2. 然后倒入 20 克鸡蛋液，搅拌均匀。

3. 筛入低筋面粉及泡打粉，用橡皮刮刀搅拌至无干粉状态，用手轻轻揉成光滑的面团（注意揉面团的时候不要过度，否则，面团容易出油）。

4. 用擀面杖将面团擀成厚度约4毫米的面片。

5. 用圆形模具将面片压出相应形状的饼干坯，移除多余的边角面片，可以将其反复操作，做出更多的饼干坯，移入烤盘。

6. 每个饼干坯的表面都放上一颗夏威夷果，压实。

7. 在饼干坯的表面刷上少许鸡蛋液。

8. 烤箱以 160℃预热，将烤盘置于烤箱的中层，烘烤约 12 分钟即可。

「原味卡蕾特」

时间: 40 分钟

看视频学烘焙

材料 Material

无盐黄油---100 克

糖粉--------- 60 克

蛋黄--------- 15 克

朗姆酒------ 5 毫升

低筋面粉---105 克

鸡蛋液------- 少许

做法 Make

1. 将无盐黄油放入干净的搅拌盆中,再用电动打蛋器搅打均匀。

2. 加入糖粉,打至蓬松发白。

3. 倒入蛋黄,搅打均匀。

4. 筛入低筋面粉,搅拌至无干粉状态。

5. 倒入朗姆酒,搅拌并揉成光滑的面团后稍压扁,再包上保鲜膜放入冰箱冷冻约 15 分钟。

6. 取出面团,擀成厚度约 4 毫米的面片,用花形模具压出饼干坯,移入烤盘。

7. 在饼干坯的表面刷上鸡蛋液。

8. 烤箱预热至 180℃,将烤盘置于烤箱中层,烘烤约 15 分钟即可。

「长颈鹿装饰饼干」

时间：25分钟

材料 Material

无盐黄油---- 65 克

糖粉---------- 50 克

蛋黄-----------1 个

香草精--------1 克

低筋面粉---130 克

巧克力笔----- 若干

做法 Make

1. 将室温软化的无盐黄油放入搅拌盆中。

2. 加入糖粉，并用电动打蛋器搅打至蓬松羽毛状。

3. 加入蛋黄及香草精，搅打均匀。

4. 筛入低筋面粉，用橡皮刮刀切拌至无干粉状态。

5. 用手将面团揉紧实，揉成一个光滑的面团。

6. 使用擀面杖将面团擀成厚度为3毫米的面片。

7. 拿出长颈鹿模具，压出相应形状的饼干坯，多余的边角料可以反复擀成面片并压出饼干坯。

8. 用刮板去除多余的边角面皮，轻轻铲起造型面片，移动到铺了油纸的烤盘上。

9. 烤箱预热160℃，将烤盘置于烤箱的中层，烘烤约15分钟。取出放凉，用巧克力笔为长颈鹿饼干装饰出花纹即可。

「椰蓉爱心饼干」

 时间：33～35分钟

材料 Material

无盐黄油---- 65 克

糖粉--------- 50 克

蛋黄----------- 1 个

香草精-------- 1 克

椰蓉--------- 30 克

低筋面粉---100 克

做法 Make

1. 无盐黄油室温软化，放入搅拌盆打至体积微微膨胀，颜色变浅，再加入糖粉及蛋黄，搅打均匀。

2. 加入香草精及椰蓉，搅拌均匀。

3. 筛入低筋面粉，用橡皮刮刀翻拌至无干粉状态。

4. 揉成光滑的面团。

5. 用擀面杖将其擀成厚度约 3 毫米的面片。

6. 用爱心模具压出相应的形状，移入烤盘。

7. 烤箱预热至 160℃，将烤盘放置在烤箱的中层，烘烤约 15 分钟后，在烤箱内再放置 8~10 分钟即可。

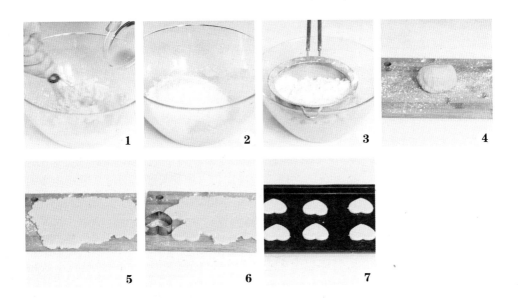

「香草奶酥」

 时间：28 分钟

看视频学烘焙

材料 Material

无盐黄油---- 90 克

糖粉--------- 50 克

盐-------------- 1 克

鸡蛋--------- 50 克

低筋面粉---100 克

杏仁粉------ 50 克

香草精-------- 2 克

做法 Make

1. 将无盐黄油放在搅拌盆中，用橡皮刮刀压软。

2. 倒入鸡蛋，用手动打蛋器搅拌均匀。

3. 加入糖粉，搅拌均匀。

4. 倒入香草精，搅拌均匀。

5. 加入盐，搅拌均匀。

6. 加入杏仁粉，搅拌均匀，再筛入低筋面粉，用橡皮刮刀搅拌至无干粉状态，制成细腻的饼干面糊。

7. 将面糊装入已经装有圆齿形裱花嘴的裱花袋中，在烤盘上挤出自己喜欢的形状。

8. 烤箱以上火 170℃、下火 160℃预热，将烤盘置于烤箱的中层，烘烤约 18 分钟即可。

「 奶酪奶酥 」

时间: 25 分钟

材料 Material

无盐黄油---- 80 克

糖粉---------- 80 克

盐-------------- 1 克

鸡蛋液------- 25 克

低筋面粉---150 克

香草精-------- 3 克

奶油奶酪---- 80 克

做法 Make

1. 将奶油奶酪和无盐黄油放入搅拌盆中,室温软化后搅拌均匀。

2. 加入糖粉,搅拌均匀。

3. 倒入鸡蛋液,搅拌均匀。

4. 加入盐,倒入香草精,以去除鸡蛋液中的腥味。

5. 筛入低筋面粉,用橡皮刮刀搅拌成光滑细腻的面糊,装入有圆齿形裱花嘴的裱花袋中。

6. 在烤盘上挤出花形,可以根据喜好,挤任意花形,注意每个饼干坯的大小不要有太大的差距,以避免烘烤中受热不均匀。

7. 烤箱预热至 180℃,将烤盘置于烤箱的中层,烘烤约 15 分钟即可。

「双色拐杖饼干」

时间: 40 ～ 48 分钟

材料 Material

无盐黄油---- 50 克

糖粉--------- 35 克

全蛋液------- 20 克

低筋面粉---100 克

红色色素----- 适量

做法 **Make**

1. 无盐黄油室温软化，加入糖粉，用橡皮刮刀混合均匀。

2. 加入一半的全蛋液，搅拌均匀。

3. 再加入剩余的全蛋液，搅拌至无盐黄油与全蛋液充分融合。

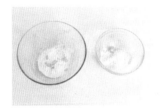

4. 将做法 3 中的混合物平均分成 2 份，各筛入 50 克低筋面粉。

5. 分别揉成光滑的面团，其中一个面团揉入红色色素。

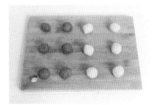

6. 将 2 份面团分成若干个重量为10克的小面团。

7. 将分好的两个颜色的小面团都搓成小条。

8. 像卷麻花一样旋拧在一起，并摆成拐杖的形状，移入烤盘。

9. 烤箱预热至170℃，将烤盘置于烤箱的中层，烘烤 15~18 分钟，完毕后在烤箱内放置 15~20 分钟，取出放凉即可。

「椰香蛋白饼干」

 时间：50 分钟

看视频学烘焙

材料 Material

蛋白---------- 30 克

香草精--------- 2 克

细砂糖------ 30 克

椰蓉---------- 50 克

做法 Make

1. 将蛋白放入一个无水无油的干净搅拌盆中。

2. 加入细砂糖，用电动打蛋器快速打发。

3. 将蛋白打至提起电动打蛋器可以拉出鹰嘴钩，也就是硬性发泡。

4. 加入椰蓉，用橡皮刮刀搅拌均匀。

5. 倒入香草精，用橡皮刮刀搅拌均匀，以去除蛋白中的腥味。

6. 将做法 5 中的混合物装入裱花袋，在裱花袋的尖端处用剪刀剪出一个约 1 厘米的开口。

7. 在铺有油纸的烤盘上挤出蛋白花饼干坯。

8. 烤箱预热至 130℃，将烤盘置于烤箱的中层，烘烤约 30 分钟，完成后，在烤箱内再放置约 10 分钟即可。

「巧克力燕麦球」

时间: 26 分钟

看视频学烘焙

材料 Material

无盐黄油---- 75 克

细砂糖------100 克

全蛋液------- 25 克

中筋面粉---- 50 克

泡打粉--------2 克

可可粉--------5 克

燕麦片------100 克

巧克力------- 25 克

做法 Make

1. 将无盐黄油放入干净的搅拌盆中, 加入细砂糖, 用橡皮刮刀搅拌均匀。

2. 倒入全蛋液, 搅拌均匀。

3. 加入燕麦片, 混合均匀。

4. 加入泡打粉, 筛入中筋面粉和可可粉, 揉成光滑的面团。

5. 将面团分成每个 30 克的小饼干坯, 搓圆, 放在烤盘上。

6. 烤箱预热至 175℃, 将烤盘置于烤箱的中层, 烘烤约 16 分钟, 拿出放凉。

7. 巧克力隔水加热熔化, 再将熔化的巧克力液装入裱花袋中。

8. 裱花袋用剪刀剪出一个 1~2 毫米的小口, 将熔化的巧克力液挤在饼干的表面作装饰即可。

「旋涡曲奇」

时间：55分钟

材料 Material

无盐黄油---- 50 克

糖粉--------- 25 克

盐-------------- 1 克

鸡蛋液------- 20 克

低筋面粉---100 克

泡打粉--------- 1 克

可可粉--------- 8 克

做法 Make

1. 将室温软化的无盐黄油搅拌均匀，加入糖粉，搅拌至融合。倒入鸡蛋液，加入盐及泡打粉，每次加入都需要搅拌均匀。

2. 筛入低筋面粉，用橡皮刮刀搅拌至无干粉状态，分出一半作为原味面团。

3. 另一半筛入可可粉，制成可可面团，桌上铺上一层保鲜膜。

4. 将可可面团置于保鲜膜上擀成厚度约 2 毫米的面片，原味面团进行相同操作。

5. 将面片拎起，没有保鲜膜的一面相对，将两种面片均匀叠加在一起。

6. 揭开上层的保鲜膜，拎起下层保鲜膜的一端，将面片卷成双色圆柱形面团，卷好的双色面团放入冰箱冷冻约 30 分钟。

7. 将双色圆柱形面团横切成厚度约 3 毫米的饼干坯，放在烤盘上，烤箱预热至 160℃，将烤盘置于烤箱的中层，烘烤约 15 分钟即可。

「口袋乳酪饼干」

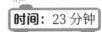 时间：23 分钟

看视频学烘焙

材料 Material

无盐黄油---- 90 克

细砂糖------110 克

盐--------------2 克

鸡蛋液------- 50 克

低筋面粉---220 克

泡打粉---------2 克

蔓越莓干---- 60 克

奶油奶酪---- 50 克

做法 Make

1. 将室温软化的无盐黄油放入搅拌盆中搅打均匀。

2. 加入细砂糖，搅打均匀。

3. 加入泡打粉、盐及鸡蛋液，搅拌至与无盐黄油完全融合。

4. 筛入低筋面粉，用橡皮刮刀搅拌至无干粉状态，揉成光滑的面团。

5. 将面团分成每个 30 克的小面团备用。

6. 将蔓越莓干和奶油奶酪搅拌均匀，做成馅料，装入裱花袋中。

7. 用手指在小面团中间压出一个凹洞，将做好的馅料挤入其中，收口捏紧，整齐排列在烤盘上，稍稍按扁。

8. 烤箱预热至 180℃，将烤盘置于烤箱的中层，烘烤约 13 分钟即可。

「咖啡坚果奶酥」

时间：23 分钟

看视频学烘焙

材料 Material

糖粉---------- 60 克

无盐黄油---- 80 克

牛奶------- 20 毫升

低筋面粉---120 克

速溶咖啡粉---8 克

黑巧克力---- 40 克

杏仁---------- 适量

做法 Make

1. 将无盐黄油和糖粉放入搅拌盆中，用橡皮刮刀搅拌均匀。

2. 将速溶咖啡粉加入牛奶中，充分搅拌至完全溶解。

3. 将咖啡牛奶混合物倒入装有无盐黄油的搅拌盆中，搅拌均匀。

4. 筛入低筋面粉，搅拌至无干粉状态，用手轻轻揉成光滑的面团（注意揉面团的时候不要过度，面团容易出油）。

5. 将面团分成每个 20 克的饼干坯，揉圆后搓成约 7 厘米的长条，摆入烤盘。

6. 将烤盘置于预热至 180℃的烤箱中层，烘烤约 13 分钟。

7. 将杏仁切碎、黑巧克力隔水加热熔化。取出烤好的饼干，蘸上巧克力溶液。

8. 然后在巧克力表面粘上些许杏仁碎即可。

「M 豆燕麦巧克力曲奇」

时间：25～28 分钟

材料 Material

无盐黄油--------- 55 克

黄糖糖浆--------- 40 克

低筋面粉--------- 60 克

可可粉-------------6 克

泡打粉-------------2 克

香草精-------------2 克

燕麦片----------- 25 克

彩色巧克力豆--- 25 克

做法 Make

1. 无盐黄油室温软化，用橡皮刮刀压平，加入黄糖糖浆。

2. 使用电动打蛋器将做法 1 中的混合物打至微微发白、体积膨胀，呈蓬松羽毛状。

3. 加入香草精，搅打均匀。

4. 筛入低筋面粉、可可粉及泡打粉，用橡皮刮刀翻拌均匀。

5. 加入燕麦片，搅拌均匀，制成燕麦可可糊。

6. 将燕麦可可糊放入裱花袋中，在裱花袋的尖嘴处剪出一个直径为 0.7 厘米的小口。

7. 在铺了油纸的烤盘上挤出燕麦可可面糊，以顺时针方向，由外向内画圈，至将中心挤满。

8. 将彩色巧克力豆按在挤好的面糊上，放入预热至 170℃的烤箱中层，烘烤 15~18 分钟即可。

「海盐全麦饼干」

时间：25 分钟

材料 Material

低筋面粉---100 克　　　无盐黄油---- 40 克

全麦面粉---- 30 克　　　牛奶------- 50 毫升

盐-------------- 1 克　　　海盐---------- 适量

泡打粉-------- 1 克

做法 Make

1. 将低筋面粉筛入搅拌盆内。

2. 再加入全麦面粉及盐。

3. 再放入泡打粉和无盐黄油，搅拌均匀。

4. 倒入30毫升牛奶，混合均匀后，揉成光滑的面团。

5. 将面团用擀面杖擀成厚度为3毫米的面片。

6. 使用模具压出自己喜欢的形状。

7. 用叉子给饼干坯戳出透气孔，用刮板辅助移到放有油纸的烤盘上。

8. 用毛刷在饼干坯的表面刷上适量剩余的牛奶。

9. 撒上海盐，放入预热至180℃的烤箱中层，烘烤约15分钟即可。

「林兹挞饼干」

材料 Material

无盐黄油---- 86 克
糖粉---------- 65 克
全蛋液------- 11 克
低筋面粉---- 90 克
杏仁粉------- 64 克
草莓果酱---100 克

做法 Make

1. 将无盐黄油和糖粉倒入搅拌盆中, 用电动打蛋器稍微打发。

2. 倒入全蛋液, 搅打均匀。

3. 筛入低筋面粉及杏仁粉, 用橡皮刮刀翻拌均匀, 制成光滑的面糊。

4. 取正方形的烤模, 将 200 克面糊倒入其中。

5. 将草莓果酱装入裱花袋中, 剪一个小口, 挤在面糊的表层, 用橡皮刮刀抹平。

6. 将剩余的面糊装入裱花袋中, 在草莓果酱上挤出一层网状面糊。

7. 烤模置于烤盘上, 放入预热至180℃的烤箱中, 烘烤约30 分钟。

8. 烤好后, 取出放凉, 脱模切块即可。

「姜饼人」 时间: 25 分钟

材料 Material

无盐黄油---- 50 克
黄糖糖浆---- 20 克
盐-------------- 1 克
泡打粉--------- 1 克
全蛋液------- 10 克
姜粉----------- 5 克
玉桂粉-------- 2 克
低筋面粉---100 克
巧克力笔----- 适量
彩色糖片----- 适量

做法 Make

1. 无盐黄油室温软化，加入黄糖糖浆及全蛋液，搅拌均匀。

2. 筛入姜粉。

3. 再筛入玉桂粉。

4. 加入泡打粉。

5. 筛入混合了盐的低筋面粉。

6. 用橡皮刮刀搅拌均匀，揉成光滑的姜饼面团，将面团擀成厚度为 5 毫米的面片。

7. 用姜饼人模具压出相应形状，移入烤盘。

8. 烤箱预热至170℃，烤盘置于烤箱中层，烘烤约15分钟。烤好后，取出放凉，用巧克力笔和彩色糖片装饰，晾干后即可食用。

「 蝴蝶酥 」

时间：22 ～ 25 分钟

材料 Material

冷藏酥皮------ 3 片
全蛋液-------- 适量
细砂糖-------- 适量

做法 Make

1. 将冷藏酥皮置于室温下，解冻至可以折叠但不会断掉的状态，在酥皮表面刷一层全蛋液。

2. 将部分细砂糖撒在涂了全蛋液的酥皮上面，再盖上一层新的酥皮。将做法1及做法2再重复两次，最后一次不用再盖上酥皮。

3. 将完成的酥皮从中间对剖，呈两个长方形，两边向中线折叠。

4. 再对折一次。

5. 将折好的酥皮切成厚度为0.8毫米的面片。

6. 将酥皮坯呈Y字形摆在烤盘上。

7. 在酥皮的表面刷上全蛋液。

8. 再撒上剩余细砂糖。

9. 烤箱预热至185℃，将烤盘置于烤箱中层，烘烤约12~15分钟即可。

Chapter 3

时尚甜蜜小蛋糕

清凉的慕斯蛋糕、细腻的戚风蛋糕、可爱的杯子蛋糕、时尚的裸蛋糕……各式各样的流行蛋糕自己也能动手做出来，享受 DIY 的乐趣，用烘焙传递爱与幸福。

看视频学烘焙

「桂花蜂蜜戚风蛋糕」

时间：35分钟

材料 Material

蛋黄糊

低筋面粉---- 70 克

蛋黄------------ 3 个

糖粉---------- 20 克

牛奶------- 60 毫升

色拉油---- 40 毫升

蛋白霜

蛋清--------140 克

糖粉---------- 50 克

装饰

淡奶油------200 克

糖粉---------- 40 克

蜂蜜---------- 10 克

干桂花------- 适量

做法 Make

1. 在搅拌盆中倒入色拉油及牛奶，搅拌均匀。

2. 倒入 20 克糖粉，搅拌均匀。

3. 筛入低筋面粉，搅拌均匀。

4. 倒入蛋黄, 搅拌均匀(注意不要过度搅拌), 制成蛋黄糊。

5. 将蛋清及50克糖粉倒入另一搅拌盆中，用电动打蛋器快速打发，制成蛋白霜。将蛋白霜的1/3倒入蛋黄糊中，搅拌均匀，再倒回剩余的蛋白霜中，搅拌均匀，制成蛋糕糊。

6. 将蛋糕糊倒入直径15厘米中空蛋糕模具中，震动几下，放入预热至175℃的烤箱烘烤约 25 分钟，烤好后，将模具倒扣、放凉。

7. 在一新的搅拌盆中倒入淡奶油及 40 克糖粉, 快速打发，倒入蜂蜜，搅拌均匀。

8. 取出烤好、放凉的蛋糕体，在表面均匀抹上做法 7 中的混合物，撒上干桂花即可。

看视频学烘焙

「反转菠萝蛋糕」

 时间：35 分钟

材料 Material

表层材料

菠萝--------150 克

细砂糖------- 30 克

无盐黄油---- 30 克

蛋黄糊

蛋黄-----------4 个

糖粉--------- 30 克

低筋面粉---- 55 克

无盐黄油---- 40 克

蛋白霜

蛋清-----------4 个

糖粉--------- 40 克

做法 Make

1. 将 30 克无盐黄油及 30 克细砂糖倒入锅中，加热煮至黏稠状，倒入模具底部。

2. 菠萝切厚片，放入模具中。

3. 取一新的搅拌盆，倒入蛋黄及 30 克糖粉，搅拌均匀。

4. 筛入低筋面粉，搅拌均匀。

5. 将 40 克无盐黄油加热熔化，分次倒入做法 4 的搅拌盆中，搅拌均匀。

6. 取一新的搅拌盆，倒入蛋清和 40 克糖粉，用电动打蛋器快速打发，制成蛋白霜。

7. 将 1/3 蛋白霜加入做法 5 的搅拌盆中，搅拌均匀，再倒回至剩余的蛋白霜中，搅拌均匀，制成蛋糕糊。

8. 将蛋糕糊倒入大号天使蛋糕模中，放入预热至 175℃的烤箱中烘烤约 25 分钟即可。

「小熊手指蛋糕」

时间: 20 分钟

看视频学烘焙

材料 Material

蛋黄糊

蛋黄------------1 个

细砂糖------ 15 克

牛奶------- 15 毫升

糖粉---------- 适量

低筋面粉---- 30 克

蛋白霜

蛋清------------1 个

细砂糖------ 15 克

装饰

巧克力------- 20 克

做法 Make

1. 在搅拌盆中倒入蛋黄和 15 克细砂糖，搅拌均匀。

2. 倒入牛奶，搅拌均匀。

3. 筛入低筋面粉及糖粉，搅拌均匀，制成蛋黄糊。

4. 将蛋清及 15 克细砂糖倒入另一搅拌盆中，快速打发，制成蛋白霜。

5. 将 1/3 蛋白霜倒入蛋黄糊中，搅拌均匀，再倒回至剩余的蛋白霜中，搅拌均匀，制成蛋糕糊，装入裱花袋中。

6. 在烤盘上挤出小熊的形状，放进预热至 180℃的烤箱中烘烤约 10 分钟。

7. 将巧克力熔化后装入裱花袋中，在烤好的蛋糕上画出小熊眼睛、耳朵、嘴巴即可。

「长崎蛋糕」

时间：43 分钟

看视频学烘焙

材料 Material

蛋糕糊

赤砂糖------ 30 克
冷水--------- 5 毫升
牛奶------- 30 毫升
色拉油---- 30 毫升
白兰地------ 6 毫升
鸡蛋-----------5 个
糖粉--------- 80 克
盐-------------1 克
蜂蜜--------- 30 克
香草精--------3 滴
低筋面粉---110 克

做法 Make

1. 将赤砂糖倒入锅中，加入冷水搅拌均匀，煮至焦色。

2. 在边长 15 厘米方形蛋糕模中垫好油纸，将煮好的糖水均匀倒入模具中，再放入冰箱冷藏备用。

3. 将白兰地、牛奶及色拉油倒入锅中，隔水加热，备用。

4. 将鸡蛋倒入搅拌盆，分次倒入糖粉，打发 3 分钟。

5. 倒入蜂蜜、香草精及盐，搅拌均匀。

6. 筛入低筋面粉，搅拌均匀。

7. 倒入做法 3 中的混合物，搅拌均匀，制成蛋糕糊。

8. 将蛋糕糊倒入做法 2 的模具中，放进预热至 160℃的烤箱，烘烤约 30 分钟即可。

「胡萝卜蛋糕」

时间：55 分钟

看视频学烘焙

材料 Material

蛋糕糊

胡萝卜碎---- 75 克

苹果碎------- 75 克

鸡蛋----------- 3 个

细砂糖------ 150 克

盐-------------- 2 克

色拉油--- 135 毫升

高筋面粉--- 135 克

泡打粉--------- 2 克

肉桂粉--------- 5 克

核桃碎------- 30 克

蔓越莓干---- 30 克

夹馅

奶油奶酪--- 200 克

细砂糖------- 50 克

淡奶油------- 15 克

做法 Make

1. 将鸡蛋倒入搅拌盆中，打散。

2. 倒入盐及 150 克细砂糖，快速打发。

3. 倒入色拉油，搅拌均匀。

4. 筛入高筋面粉、泡打粉及肉桂粉，搅拌均匀。

5. 倒入胡萝卜碎、苹果碎、核桃碎及蔓越莓干，搅拌均匀，制成蛋糕糊，倒入直径 15 厘米活底蛋糕模中，放入预热至 180℃的烤箱中烘烤约 45 分钟，烤好后放凉。

6. 将奶油奶酪用电动打蛋器搅打至顺滑。

7. 倒入淡奶油及 50 克细砂糖，搅拌均匀，装入裱花袋中。

8. 将烤好的蛋糕脱模，切成 3 层，在每两层之间挤上做法 7 中的混合物，作为夹馅，抹平。剩余的混合物抹在蛋糕表面呈波浪状即可。

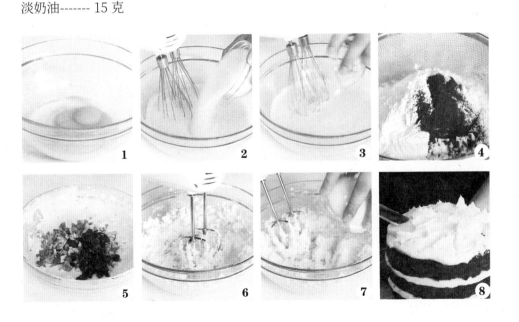

「薄荷酒杯子蛋糕」

时间： 25 分钟

看视频学烘焙

材料 Material

蛋糕糊

无盐黄油---- 80 克

细砂糖------ 40 克

炼奶--------100 克

鸡蛋----------2 个

低筋面粉---120 克

泡打粉--------3 克

装饰

淡奶油------100 克

细砂糖------ 20 克

草莓----------3 颗

薄荷酒------- 适量

做法 Make

1. 将无盐黄油及 40 克细砂糖倒入搅拌盆中，搅拌均匀。

2. 倒入炼奶，搅拌均匀。

3. 分 3 次加入鸡蛋，每次都要搅拌均匀。

4. 筛入低筋面粉及泡打粉，搅拌均匀，制成蛋糕糊，装入裱花袋中。

5. 将蛋糕纸杯放入玛芬模具中，再将蛋糕糊挤入蛋糕纸杯八分满，放进预热至 180℃的烤箱中，烘烤约 15 分钟。

6. 将淡奶油及 20 克细砂糖倒入搅拌盆中，再用电动打蛋器打发。

7. 倒入薄荷酒，搅拌均匀，装入裱花袋中。

8. 取出烤箱中的杯子蛋糕，震动几下，放凉。

9. 将已打发的薄荷酒淡奶油挤在已放凉的杯子蛋糕表面，放上草莓装饰即可。

看视频学烘焙

「雪花杯子蛋糕」

时间：35分钟

材料 Material

蛋糕糊

鸡蛋------------2 个

糖粉---------- 50 克

蜂蜜---------- 20 克

无盐黄油---- 40 克

低筋面粉---100 克

可可粉------- 20 克

泡打粉--------1 克

香草精------- 适量

装饰

淡奶油------150 克

糖粉---------- 25 克

彩色糖珠----- 适量

雪花小旗----- 适量

做法 Make

1. 在搅拌盆中倒入鸡蛋及 50 克糖粉，搅拌均匀。

2. 取一较大的盆，装入热水，将做法1的搅拌盆放入其中，隔水加热，继续搅拌至材料发白。

3. 将无盐黄油加热熔化，倒入做法2的混合物中，搅拌均匀。

4. 加入蜂蜜，搅拌均匀。

5. 将搅拌盆从热水中取出，筛入低筋面粉、可可粉及泡打粉，搅拌均匀。

6. 加入香草精，搅拌均匀，制成蛋糕糊，装入裱花袋中。

7. 将蛋糕糊垂直挤入蛋糕纸杯中，放进预热至 180℃的烤箱中烘烤约 25 分钟，烤好后，取出，放凉。

8. 取一新的搅拌盆，放入淡奶油及 20 克糖粉，快速打发，装入裱花袋中，挤在已放凉的蛋糕上，摆上彩色糖珠，撒上剩余糖粉，插上雪花小旗作装饰。

「抹茶红豆杯子蛋糕」

时间: 23 分钟

看视频学烘焙

材料 Material

蛋糕糊

无盐黄油---100 克

糖粉--------100 克

玉米糖浆----30 克

鸡蛋-----------2 个

淡奶油-------40 克

低筋面粉----90 克

杏仁粉-------20 克

泡打粉--------2 克

抹茶粉--------5 克

熟红豆粒----50 克

装饰

无盐黄油---180 克

糖粉--------160 克

牛奶-------15 毫升

抹茶粉-------适量

熟红豆粒-----适量

做法 Make

1. 将 100 克无盐黄油及 100 克糖粉放入搅拌盆，搅拌均匀。

2. 分次打入鸡蛋，搅拌均匀，倒入淡奶油，继续搅拌。

3. 倒入玉米糖浆及 50 克熟红豆粒，搅拌均匀。

4. 筛入低筋面粉、杏仁粉、泡打粉及抹茶粉，搅拌均匀，制成蛋糕糊，装入裱花袋。

5. 将蛋糕糊垂直挤入蛋糕纸杯中，放进预热至 170℃的烤箱中烘烤约 13 分钟，取出，放凉。

6. 将 180 克无盐黄油及 160 克糖粉倒入新的搅拌盆中，搅拌均匀。

7. 筛入适量抹茶粉，继续搅拌。

8. 倒入牛奶，搅拌均匀，装入裱花袋，挤在蛋糕体上，再放上几粒熟红豆粒装饰即可。

「蓝莓玛芬」

 时间：35 分钟

看视频学烘焙

材料 Material

蛋糕糊

无盐黄油---- 50 克

细砂糖------- 80 克

鸡蛋-----------1 个

低筋面粉---120 克

泡打粉--------2 克

牛奶------- 50 毫升

新鲜蓝莓---- 50 克

做法 Make

1. 将无盐黄油及细砂糖倒入搅拌盆中，搅拌均匀。

2. 分 2 次加入鸡蛋液，搅拌均匀。

3. 筛入 1/3 低筋面粉，搅拌均匀。

4. 倒入牛奶，搅拌均匀。

5. 筛入泡打粉和剩余的低筋面粉，搅拌均匀。

6. 倒入新鲜蓝莓，搅拌均匀，制成蛋糕糊。

7. 将蛋糕纸杯放入玛芬模具中，蛋糕糊装入裱花袋，垂直挤入蛋糕纸杯。

8. 将蛋糕纸杯放进预热至 180℃的烤箱中，烘烤约 25 分钟即可。

看视频学烘焙

「斑马纹蛋糕」

时间：45分钟

材料 Material

蛋糕糊

鸡蛋------------3 个

细砂糖------100 克

低筋面粉---150 克

无盐黄油---150 克

可可粉---------7 克

装饰

淡奶油------100 克

黑巧克力---100 克

做法 Make

1.取一大盆，倒入热水，将搅拌盆放入其中，在搅拌盆中倒入3个鸡蛋的鸡蛋液和细砂糖，用电动打蛋器打至发白。

2. 将 150 克无盐黄油隔水加热熔化，倒入做法 1 的混合物中，搅拌均匀。

3. 筛入低筋面粉，搅拌均匀，平均分成 2 份，将其中 1 份装入裱花袋。

4.在剩余的 1 份中，筛入可可粉，搅拌均匀，装入裱花袋。

5. 在直径 15 厘米活底蛋糕模中先挤入白色蛋糕糊，再从模具的中心处开始挤入可可蛋糕糊，此做法重复约 3 次，将两种蛋糕糊全部挤入。

6.静置片刻后将蛋糕糊放入预热至 170℃的烤箱中烘烤约 35 分钟，取出放凉，脱模。

7.将淡奶油倒入小锅中煮滚，倒入黑巧克力中，搅拌至黑巧克力完全熔化。

8. 将做法 7 中的混合物抹在烤好的蛋糕体表面，用抹刀划出纹路即可。

看视频学烘焙

「栗子巧克力蛋糕」

时间： 55分钟

材料 Material

蛋黄糊

无盐黄油---- 50 克

苦甜巧克力- 60 克

淡奶油------- 30 克

蛋黄----------- 3 个

低筋面粉---- 20 克

可可粉------- 30 克

蛋白霜

细砂糖------- 50 克

蛋清--------- 100 克

装饰

淡奶油------- 50 克

细砂糖--------- 5 克

栗子泥------- 适量

防潮可可粉-- 适量

肉桂粉-------- 适量

做法 Make

1. 将苦甜巧克力、无盐黄油及 30 克淡奶油加热熔化，搅拌均匀。

2. 倒入可可粉，搅拌均匀。

3. 分次倒入蛋黄，搅拌均匀。

4. 筛入低筋面粉，搅拌均匀，制成蛋黄糊。

5. 将蛋清及 50 克细砂糖倒入另一个搅拌盆中，快速打发，制成蛋白霜。将 1/3 蛋白霜倒入蛋黄糊中，搅拌均匀，再倒回剩余的蛋白霜中制成蛋糕糊。

6. 将蛋糕糊倒入直径 15 厘米活底蛋糕模中，放进预热至 170℃的烤箱中烘烤约 45 分钟。

7. 将栗子泥倒入新的搅拌盆中，用电动打蛋器打散，倒入 50 克淡奶油及 5 克细砂糖，搅打均匀，装入裱花袋。

8. 挤在蛋糕表面，撒上防潮可可粉及肉桂粉即可。

「抹茶芒果戚风卷」

时间： 18～20 分钟

看视频学烘焙

材料 Material

蛋黄糊

蛋黄	3 个
糖粉	35 克
抹茶粉	10 克
牛奶	40 毫升
色拉油	30 毫升
低筋面粉	50 克

蛋白霜

蛋清	3 个
糖粉	35 克

夹馅

淡奶油	200 克
糖粉	30 克
芒果丁	适量

做法 Make

1. 将牛奶与色拉油倒入搅拌盆中，搅拌均匀。

2. 倒入 35 克糖粉，搅拌均匀。

3. 筛入低筋面粉及抹茶粉，搅拌均匀。

4. 倒入蛋黄，搅拌均匀，制成蛋黄糊。

5. 取另一搅拌盆，倒入蛋清及 35 克糖粉打发，制成蛋白霜。

6. 将 1/3 蛋白霜倒入蛋黄糊中，搅拌均匀，再倒回至剩余的蛋白霜中，搅拌均匀，制成蛋糕糊。

7. 将蛋糕糊倒在铺好油纸的 30 厘米 ×41 厘米的烤盘上，抹平，放进预热至 220℃的烤箱中，烘烤 8~10 分钟。

8. 将淡奶油及 30 克糖粉倒入搅拌盆中，用电动打蛋器打发。

9. 取出烤好的蛋糕体，撕下油纸，放凉，抹上已打发的淡奶油，均匀撒上芒果丁，卷起，放入冰箱冷藏定型即可。

看视频学烘焙

「长颈鹿蛋糕卷」

时间：54分钟

材料 Material

蛋黄糊

色拉油---- 20 毫升

蛋黄----------- 3 个

糖粉---------- 10 克

牛奶------- 45 毫升

低筋面粉---- 40 克

粟粉---------- 15 克

可可粉------- 15 克

蛋白霜

蛋清----------- 4 个

细砂糖------- 40 克

内馅

淡奶油------100 克

细砂糖------- 12 克

做法 Make

1. 将色拉油及牛奶倒入搅拌盆，搅拌均匀后倒入糖粉，继续搅拌。

2. 筛入低筋面粉及粟粉，搅拌均匀后倒入蛋黄，搅打均匀，分出 1/3 装入另一搅拌盆，作为原味面糊。

3. 剩下的 2/3 加入可可粉，搅拌均匀，制成可可面糊。

4. 取另一干净的搅拌盆，倒入蛋清及 40 克细砂糖，用电动打蛋器快速打发，分别加入到可可面糊和做法 2 的原味面糊中，搅拌均匀，制成可可蛋糕糊和原味蛋糕糊。

5. 将原味蛋糕糊装入裱花袋，在铺有油纸的边长 28 厘米的方形烤盘中画出长颈鹿的纹路，再放入预热至 170℃的烤箱中烘烤 2 分钟。

6. 取出烤盘，在表面倒入可可蛋糕糊，抹平，放入烤箱，以 170℃烘烤约 12 分钟，烤好后，取出，撕下油纸，放凉。

7. 在新的搅拌盆中倒入淡奶油及 12 克细砂糖，快速打发，抹在蛋糕没有斑纹的那一面。

8. 抹匀后利用擀面杖将蛋糕体卷起，放入冰箱冷藏 30 分钟定型即可。

1　　2　　3　　4

5　　6　　7　　8

「奶油乳酪玛芬」

时间: 30 分钟

材料 Material

蛋糕糊

奶油奶酪---100 克

无盐黄油---- 50 克

细砂糖------ 70 克

鸡蛋-----------2 个

低筋面粉---120 克

泡打粉---------2 克

柠檬汁------5 毫升

装饰

杏仁片------ 10 克

做法 Make

1. 将奶油奶酪及无盐黄油倒入搅拌盆中，搅拌均匀。

2. 倒入细砂糖，继续搅拌。

3. 鸡蛋打散，分次倒入，搅拌均匀。

4. 倒入柠檬汁，搅拌均匀。

5. 筛入低筋面粉及泡打粉，搅拌均匀，制成蛋糕糊。

6. 将蛋糕糊装入裱花袋。

7. 垂直挤入蛋糕纸杯中，在表面放上杏仁片。

8. 放进预热至 180℃的烤箱中，烘烤约 20 分钟即可。

「 枫糖柚子小蛋糕 」

 时间: 35 分钟

看视频学烘焙

材 料 Material

蛋黄糊

蛋黄----------- 2 个

细砂糖------ 20 克

色拉油---- 10 毫升

柚子蜜------ 20 克

枫糖浆------ 10 克

泡打粉--------- 1 克

低筋面粉---- 40 克

水--------- 20 毫升

蛋白霜

蛋清----------- 2 个

细砂糖------ 20 克

做法 Make

1. 在搅拌盆中倒入蛋黄和 20 克细砂糖，搅拌均匀。

2. 倒入水及色拉油，搅拌均匀。

3. 倒入枫糖浆，搅拌均匀。

4. 筛入低筋面粉及泡打粉，搅拌均匀，制成蛋黄糊。

5. 将蛋清和 20 克细砂糖放入另一新的搅拌盆，快速打发，制成蛋白霜。

6. 将 1/3 蛋白霜倒入蛋黄糊中，用橡皮刮刀轻轻搅拌均匀，再倒回至剩余的蛋白霜中，搅拌均匀，制成蛋糕糊。

7. 将蛋糕糊装入裱花袋，垂直挤入蛋糕纸杯中，至八分满。

8. 放入预热至 170℃的烤箱中，烘烤约 25 分钟，烤好后，取出，放凉，在表面放上柚子蜜即可。

看视频学烘焙

「摩卡咖啡卷」

时间：25分钟

材料 Material

夹馅

无盐黄油------ 80 克

鸡蛋------------ 30 克

细砂糖---------- 30 克

咖啡利口酒---7 毫升

即溶咖啡粉------7 克

冷水---------- 10 毫升

蛋糕糊

鸡蛋--------------2 个

细砂糖---------- 40 克

低筋面粉------- 35 克

即溶咖啡粉------5 克

热水---------- 10 毫升

做法 Make

1. 将 30 克细砂糖倒入锅中，加入 10 毫升冷水，煮至糖溶化，倒入 7 克即溶咖啡粉，搅拌均匀。

2. 30 克鸡蛋打散，将做法 1 的混合物倒入，搅拌均匀，倒入咖啡利口酒，搅拌均匀。

3. 倒入无盐黄油中，搅打均匀，制成蛋糕夹馅，装入裱花袋，备用。

4. 将 2 个鸡蛋打散，倒入搅拌盆，分次加入 40 克细砂糖打发 3 分钟。

5. 将热水与 5 克即溶咖啡粉搅匀，倒入做法 4 的混合物中，搅拌均匀。

6. 筛入低筋面粉，搅拌均匀，制成蛋糕糊，倒入铺好油纸的 30 厘米 ×41 厘米烤盘中刮平，放进预热至 190℃的烤箱中烘烤约 12 分钟。

7. 取出烤好的蛋糕，撕下油纸，放凉。

8. 将夹馅均匀挤在蛋糕表面，抹平，卷起，放入冰箱冷藏定型，取出后切成片即可。

看视频学烘焙

「草莓慕斯」

时间：250 分钟

材料 Material

慕斯体

原味戚风蛋糕 --------1 片

已打发的淡奶油--- 160 克

新鲜草莓汁------ 230 毫升

细砂糖----------------- 70 克

吉利丁片------------ 10 克

柠檬汁-------------- 15 毫升

草莓丁---------------- 70 克

装饰

镜面果胶-------------- 20 克

草莓酱----------------- 适量

草莓-------------------- 适量

夏威夷果仁----------- 适量

做法 Make

1. 原味戚风蛋糕做法参见本书 61 页做法 1 至做法 6。吉利丁片用水泡软，挤干水分，取 5 克加热至熔化。

2. 将新鲜草莓汁及柠檬汁倒入搅拌盆中，与细砂糖及做法 1 中的吉利丁溶液混合均匀。

3. 将已打发的淡奶油倒入做法 2 的混合液中，搅拌均匀，制成慕斯液。

4. 在直径 15 厘米圆形慕斯圈底部铺好原味戚风蛋糕，倒入做法 3 中一半的慕斯液，放上草莓丁。

5. 再倒入剩余的慕斯液，抹平，放入冰箱冷藏 4 小时或以上。

6. 将草莓酱过滤入搅拌盆中，剩余的 5 克吉利丁片隔水加热熔化，倒入搅拌盆中，再加入镜面果胶，搅拌均匀。

7. 取出已凝固的慕斯蛋糕，将做法 6 的混合物倒在表面，放回冰箱冷藏至凝固。

8. 取出蛋糕，脱模，最后放上草莓和夏威夷果仁装饰即可。

看视频学烘焙

「生乳酪蛋糕」

时间：250分钟

材料 Material

饼干底

消化饼干---- 80 克

有盐黄油---- 30 克

奶酪糊

奶油奶酪---200 克

细砂糖------- 50 克

酸奶---------150 克

淡奶油------200 克

柠檬汁------- 适量

吉利丁片------4 克

装饰

柠檬---------- 适量

蜂蜜---------- 适量

做法 Make

1. 将消化饼干碾碎，倒入搅拌盆中。

2. 加入有盐黄油，搅拌均匀，倒入直径15厘米活底蛋糕模中，压成饼底，放进冰箱冷藏。

3. 取一新的搅拌盆，将奶油奶酪放入，倒入细砂糖，搅打至顺滑。

4. 加入柠檬汁及酸奶，搅拌均匀。

5. 加入泡软、煮溶的吉利丁片，搅拌均匀。

6. 取一新的搅拌盆，倒入淡奶油，用电动打蛋器打发。

7. 将打发的淡奶油分次加入到做法5的混合物中，搅拌均匀，制成奶酪糊。

8. 将奶酪糊倒入有饼干底的模具中，放进冰箱中冷藏4小时至凝固，取出后用喷火枪脱模。将柠檬切片，放到蛋糕上，倒上蜂蜜装饰蛋糕即可。

看视频学烘焙

「提拉米苏」 **时间：** 250 分钟

材料 Material

蛋糕糊

蛋黄------------------1 个

细砂糖------------ 38 克

马斯卡彭奶酪 --- 80 克

淡奶油------------ 80 克

长崎蛋糕------------4 块

即溶咖啡粉---------7 克

水---------------- 50 毫升

咖啡利口酒---- 15 毫升

装饰

防潮可可粉-------- 适量

做法 Make

1. 将水与 15 克细砂糖倒入锅中，煮至微焦状，备用。

2. 将马斯卡彭奶酪与 15 克细砂糖倒入搅拌盆中，搅拌均匀。

3. 蛋黄打散，倒入，搅拌均匀。

4. 倒入咖啡利口酒，搅拌均匀，制成蛋黄糊。

5. 将淡奶油及 8 克细砂糖倒入搅拌盆中，快速打发，制成奶油霜，将 1/3 奶油霜倒入蛋黄糊中，搅拌均匀，再倒回至剩余奶油霜中，搅拌均匀，制成蛋糕糊。

6. 将做法 1 的溶液倒入小碗中，再倒入即溶咖啡粉，搅拌均匀。

7. 将长崎蛋糕蘸取适量做法 6 中的溶液。

8. 将蛋糕糊装入裱花袋，挤在玻璃碗底部，放上一片长崎蛋糕，此做法重复 2 次，最后在表面挤上一层蛋糕糊，撒上防潮可可粉，放入冰箱冷藏 4 小时或以上。

看视频学烘焙

「芒果西米露蛋糕」

时间: 280 分钟

材料 Material

饼干底

消化饼干碎- 60 克

无盐黄油---- 35 克

慕斯液

芒果泥------200 克

吉利丁片------ 3 片

细砂糖------- 40 克

淡奶油------200 克

夹馅

芒果丁-------- 适量

西米----------- 适量

装饰

芒果丁-------- 适量

西米----------- 适量

做法 Make

1. 西米煮好，备用。将消化饼干碎倒入搅拌盆中，无盐黄油室温软化，倒入，搅拌均匀。

2. 边长 15 厘米方形慕斯框底部包好保鲜膜，将拌好的饼干碎倒入其中，压实，放入冰箱冷冻半小时。

3. 将淡奶油及细砂糖倒入搅拌盆中，快速打发。

4. 倒入芒果泥，搅拌均匀。

5. 将吉利丁片隔水加热熔化，倒入做法 4 的混合物中，搅拌均匀，制成慕斯液。

6. 将一半的慕斯液倒入装有饼底的模具中，抹平，均匀倒入煮好的西米及芒果丁，再倒入另一半慕斯液，放入冰箱冷藏 4 小时以上。

7. 将蛋糕从冰箱取出，用喷火枪加热模具四周，脱模。

8. 放上芒果丁及西米装饰即可。

「可露丽」

时间：25 小时 10 分钟

看视频学烘焙

材料 Material

蛋糕糊

牛奶------250 毫升

鸡蛋-----------1 个

蛋黄-----------1 个

低筋面粉---- 50 克

香草精------- 适量

细砂糖------- 40 克

朗姆酒------5 毫升

无盐黄油---- 20 克

做法 Make

1. 将牛奶及香草精倒入小锅中，煮沸，备用。

2. 将鸡蛋、蛋黄打散同细砂糖一起倒入搅拌盆中，搅拌均匀。

3. 筛入低筋面粉，搅拌均匀。

4. 将无盐黄油隔水加热熔化，倒入做法 3 的混合物中，搅拌均匀。

5. 倒入朗姆酒，搅拌均匀。

6. 倒入做法 1 中的牛奶混合物，搅拌均匀，制成蛋糕糊，放入冰箱冷藏 24 小时。

7. 取出冷藏好的蛋糕糊，倒入可露丽模具中。

8. 放进预热至 190℃的烤箱中，烘烤约 60 分钟即可。

「柠檬卡特卡」

 时间: 45 分钟

看视频学烘焙

材料 Material

蛋糕糊

无盐黄油---150 克

细砂糖------120 克

盐--------------2 克

香草精------3~5 滴

鸡蛋-----------3 个

柠檬皮--------1 个

低筋面粉---150 克

泡打粉---------2 克

做法 Make

1. 在搅拌盆中倒入无盐黄油及细砂糖，搅拌均匀。

2. 鸡蛋打散，分次倒入，搅拌均匀。

3. 将柠檬皮磨成屑状，倒入做法 2 的混合物中。

4. 倒入盐及香草精，搅拌均匀。

5. 筛入低筋面粉及泡打粉，搅拌均匀，制成蛋糕糊。

6. 将蛋糕糊倒入磅蛋糕模具中，放入预热至 180℃的烤箱中，烘烤约 35 分钟，取出放凉。

7. 借助抹刀分离蛋糕及模具边缘，脱模即可。

「糯米蛋糕」 时间：70分钟

看视频学烘焙

材料 Material

蛋糕糊

蔓越莓干---- 30 克

核桃碎------- 30 克

鸡蛋-----------1 个

细砂糖------- 65 克

盐--------------1 克

糯米粉------300 克

泡打粉---------1 克

牛奶------230 毫升

淡奶油------- 50 克

装饰

杏仁片------- 10 克

杏仁---------- 30 克

做法 Make

1. 将鸡蛋打散同盐一起倒入搅拌盆中,搅拌均匀。

2. 倒入细砂糖,搅拌均匀。

3. 倒入淡奶油及牛奶,并搅拌均匀。

4. 筛入糯米粉及泡打粉,搅拌均匀。

5. 倒入核桃碎和蔓越莓干,搅拌均匀,制成蛋糕糊。

6. 将蛋糕糊倒入边长 15 厘米方形蛋糕模中,抹平,放上杏仁和杏仁片。

7. 放进预热至 170℃的烤箱中,烘烤约 60 分钟。

8. 烤好后取出,放凉,用小刀将蛋糕与模具分离,脱模即可。

「朗姆酒树莓蛋糕」

时间：28分钟

材料 Material

蛋糕糊

无盐黄油----------90 克

细砂糖----------- 105 克

盐------------------- 2 克

64% 黑巧克力---35 克

鸡蛋液------------80 克

低筋面粉-------- 140 克

泡打粉-------------- 2 克

可可粉------------10 克

朗姆酒----------60 毫升

装饰

新鲜树莓----------- 6 个

淡奶油----------- 200 克

黄色色素-----------适量

做法 Make

1. 无盐黄油倒入搅拌盆中。

2. 加入细砂糖及盐，用手动打蛋器搅打均匀。

3. 64%黑巧克力隔水熔化，倒入到搅拌盆中，拌匀。

4. 分 2 次加入鸡蛋液，打至软滑。

5. 筛入低筋面粉、泡打粉及可可粉，搅拌至无颗粒状。

6. 加入朗姆酒，用橡皮刮刀拌匀至充分融合，制成蛋糕糊。

7. 将蛋糕糊装入裱花袋，拧紧裱花袋口。

8. 烤盘中放上蛋糕纸杯，将蛋糕糊挤入纸杯中至七分满。烤箱温度以上火 170℃、下火 160℃预热，烤盘放入烤箱中层，全程烤约 18 分钟。

9. 淡奶油用电动打蛋器快速打发，至可提起鹰钩状。

10. 取一小部分已打发的奶油，加入黄色色素，拌匀。

11. 将已打发的两种奶油分别装入裱花袋，用白色奶油在蛋糕表面挤出花瓣形状，再用黄色奶油点缀出花芯。

12. 最后再加上树莓装饰即可。

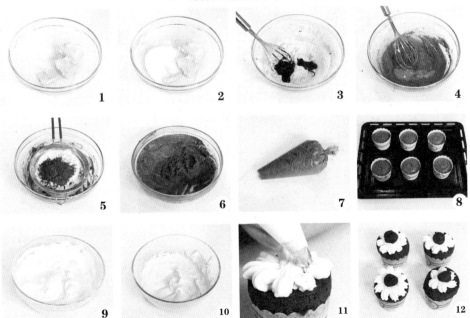

「红丝绒纸杯蛋糕」

时间: 30分钟

材料 Material

蛋糕糊

低筋面粉----------- 100 克

糖粉------------------- 65 克

无盐黄油------------ 45 克

鸡蛋--------------------1 个

鲜奶---------------- 90 毫升

可可粉------------------7 克

柠檬汁--------------8 毫升

盐------------------------2 克

小苏打-------------- 25 克

红丝绒色素-----------5 克

装饰

淡奶油------------- 100 克

糖粉---------------------8 克

Hello Kitty 小旗 --- 若干

做法 Make

1. 将无盐黄油与 65 克糖粉倒入搅拌盆中，拌匀。

2. 鸡蛋打散加入，用手动打蛋器搅拌至完全融合。

3. 加入红丝绒色素，搅拌均匀，呈深红色。

4. 倒入鲜奶，搅拌均匀。

5. 倒入柠檬汁，继续搅拌。

6. 筛入低筋面粉、可可粉、盐及小苏打，搅拌均匀，制成红丝绒蛋糕糊。

7. 将蛋糕糊装入裱花袋，拧紧裱花袋口。

8. 烤盘上放上蛋糕纸杯，从纸杯中间垂直挤入蛋糕糊至七分满。

9. 烤箱以上、下火 175℃预热，将烤盘放入烤箱，烤约 20 分钟。

10. 淡奶油与 8 克糖粉用电动打蛋器快速打发。

11. 将打发好的淡奶油装入裱花袋中，以螺旋状挤在蛋糕表面。

12. 插上 HelloKitty 的小旗即可。

「小黄人杯子蛋糕」

时间：30分钟

材料 Material

蛋糕糊

鸡蛋------------1 个

细砂糖------- 65 克

色拉油---- 50 毫升

鲜奶------- 40 毫升

低筋面粉---- 80 克

盐--------------1 克

泡打粉---------1 克

装饰

巧克力-------- 适量

翻糖膏-------- 适量

黄色色素----- 适量

做法 Make

1. 鸡蛋打散，与细砂糖一起倒入搅拌盆，搅拌均匀。

2. 加入盐、鲜奶及色拉油，搅拌均匀。

3. 筛入低筋面粉及泡打粉，搅拌均匀,制成淡黄色蛋糕糊。

4. 将蛋糕糊装入裱花袋，垂直从蛋糕纸杯中间挤入，至八分满即可。烤箱以上、下火 170℃预热，将蛋糕放入烤箱，烤约 20 分钟。

5. 待蛋糕体冷却后，沿杯口切去高于纸杯的蛋糕体。

6. 取适量翻糖膏，加入几滴黄色色素，揉搓均匀，使翻糖膏呈鲜亮的黄色。

7. 用擀面杖将黄色翻糖膏擀平，用一个新的蛋糕纸杯在翻糖膏上印出圆形。

8. 用剪刀将圆形剪下，放在蛋糕体上面作为小黄人的皮肤。

9. 取一块新的翻糖膏，用裱花嘴圆形的一端印出小圆形，作为小黄人的眼白。用一个大裱花嘴在黄色翻糖膏上印出眼睛的外圈。再用巧克力画出小黄人的眼珠、嘴巴和眼镜框即可。

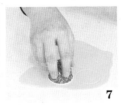

「玫瑰花茶慕斯」

 时间： 275 分钟

材料 Material

蛋糕糊

鸡蛋-------------------2 个

细砂糖-------------- 35 克

盐---------------------1 克

香草精----------------2 滴

低筋面粉----------- 40 克

炼奶------------------8 克

无盐黄油----------- 15 克

慕斯液

干玫瑰花------------- 适量

鲜奶-------------- 90 毫升

细砂糖----------------8 克

吉利丁片-------------5 克

粉红色食用色素----2 滴

淡奶油-------------300 克

做法 Make

1. 吉利丁片放入水中泡软，淡奶油倒入搅拌盆中打发，均放入冰箱，冷藏备用。

2. 鸡蛋打散，与35克细砂糖及盐一起放入搅拌盆，用电动打蛋器搅打至呈发白状态，此过程需隔水加热。

3. 无盐黄油隔水加热熔化，倒入炼奶中，搅拌均匀。倒入做法 2 的搅拌盆中，拌至完全融合。筛入低筋面粉，倒入香草精，搅拌均匀，制成蛋糕糊。

4. 在烤盘中铺一张白纸，放上边长 15 厘米方形慕斯框，将蛋糕糊倒入模具中，抹平，放入预热至 160℃的烤箱中层，烤约 20 分钟。

5. 干玫瑰花、鲜奶及 8 克细砂糖煮沸，加盖焖 5 分钟，捞起玫瑰花。放入冷藏的吉利丁片（挤干水分），搅拌至溶化。滴入粉红色食用色素，搅拌均匀。再将其倒入已打发的淡奶油中（淡奶油可留部分做装饰），制成玫瑰慕斯液。

6. 烤好的蛋糕取出，待其冷却，脱模。

7. 将玫瑰慕斯液加入边长15厘米方形慕斯框中(模具底部需用保鲜膜包裹)，放上烤好的蛋糕。放入冰箱冷藏 4 小时或以上，取出脱模，切成长方形块状，挤上剩余已打发的淡奶油，用干玫瑰花加以装饰即可。

 1
 2
 3
 4
 5
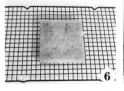 6
 7

「贝壳玛德琳」

时间: 26 分钟

材料 Material

蛋糕糊

无盐黄油---100 克

低筋面粉---100 克

泡打粉--------3 克

鸡蛋-----------2 个

细砂糖-------60 克

柠檬-----------1 个

做法 Make

1. 在搅拌盆内打入鸡蛋。

2. 加入细砂糖，用电动打蛋器搅拌均匀。

3. 加入室温软化的无盐黄油（留适量备用），搅打均匀。

4. 削取 1 个柠檬的柠檬皮（注意不要削太厚），将柠檬皮切成末状，倒入搅拌盆。

5. 筛入低筋面粉和泡打粉，搅拌至无颗粒面糊状。

6. 在玛德琳模具表面刷上一层无盐黄油，将模具放烤盘上。

7. 用裱花袋将面糊垂直挤入玛德琳模具中。

8. 烤箱以上火 170℃、下火 160℃预热，烤盘放入烤箱中层，烤约 10 分钟，将烤盘转向，再烤约 6 分钟即可。

「柠檬雷明顿」

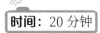

时间：20分钟

材料 Material

蛋糕糊

鸡蛋液------125 克

柠檬汁---- 15 毫升

细砂糖------- 75 克

盐-------------- 2 克

低筋面粉---- 65 克

泡打粉--------- 2 克

炼奶---------- 12 克

无盐黄油---- 25 克

吉利丁片------ 4 克

饮用水--- 130 毫升

装饰

黄色色素------ 2 滴

椰蓉---------- 适量

做法 Make

1.将鸡蛋液、柠檬汁及盐放入搅拌盆，用电动打蛋器搅拌均匀。

2.分3次边搅拌边加入55克细砂糖。

3.无盐黄油、炼奶和10毫升饮用水隔水加热煮溶，搅拌均匀。再倒入做法2的混合物中，搅拌均匀。

4.筛入低筋面粉及泡打粉，用塑料刮刀搅拌均匀，制成蛋糕糊，倒入边长15厘米方形活底戚风模具中，抹平。

5.烤箱以上火180℃、下火160℃预热，将模具放入烤箱中层，烤约10分钟，再将温度调至上、下火150℃，再烤约8分钟。

6.取出后，待其冷却，脱模，切去边缘部分，再切成小方块状。

7.吉利丁片放入120毫升温热的饮用水中泡软，搅拌至溶化。再加入细砂糖20克及黄色色素搅拌均匀，制成混合液。把做法6制成的蛋糕方块均匀地沾上这种混合液，再在表面均匀裹上椰蓉即可。

「巧克力心太软」

时间：26分钟

材料 Material

夹馅

64% 黑巧克力 ----60 克

无盐黄油----------20 克

淡奶油-------------30 克

鲜奶--------------40 毫升

朗姆酒----------- 5 毫升

蛋糕糊

64% 黑巧克力酱--- 90 克

无盐黄油----------85 克

细砂糖-------------20 克

鸡蛋----------------- 1 个

低筋面粉----------70 克

泡打粉-------------- 2 克

装饰

糖粉------------------适量

做法 Make

1.60 克 64% 黑巧克力隔水加热至熔化，倒入 20 克无盐黄油，搅拌均匀至两者完全融合。

2. 倒入鲜奶，用手动打蛋器搅拌均匀。

3. 加入淡奶油及朗姆酒继续搅拌至融合，制成巧克力软心夹馅，装入裱花袋中，待用。

4. 取一个新的搅拌盆，倒入低筋面粉、泡打粉和细砂糖，混合均匀。

5. 倒入室温软化的 85 克无盐黄油，搅拌均匀。

6. 倒入鸡蛋，搅打均匀，呈淡黄色面糊状。

7. 倒入隔水加热熔化的 90 克黑巧克力酱，继续搅拌成巧克力蛋糕糊，装入裱花袋中。

8. 先将巧克力蛋糕糊挤在玛芬模具的底部和四周，中间空出。再在蛋糕中间挤上巧克力软心夹馅。

9. 再挤上巧克力蛋糕糊封口，烤箱以上、下火 160℃预热，蛋糕放入烤箱下层，烘烤约 16 分钟，烤好后在蛋糕表面撒上糖粉装饰即可。

1

2

3

4

5

6

7

8

9

「棉花糖布朗尼」

时间： 30 分钟

材料 Material

蛋糕糊

巧克力------150 克
无盐黄油---150 克
细砂糖------ 65 克
鸡蛋-----------3 个
低筋面粉---100 克
香草精------- 适量
棉花糖------ 70 克
核桃仁------ 50 克

做法 Make

1. 无盐黄油和巧克力倒入搅拌盆中，隔水加热熔化，搅拌均匀，倒入小玻璃碗中，待用。

2. 取一新的搅拌盆，打入鸡蛋。

3. 分 3 次边搅拌边倒入细砂糖。

4. 倒入香草精，搅拌均匀。

5. 倒入熔化的无盐黄油和巧克力，搅拌均匀。

6. 筛入低筋面粉，搅拌至无颗粒状，制成巧克力蛋糕糊。

7. 倒入核桃仁，搅拌均匀。

8. 倒入边长 15 厘米方形蛋糕模中。

9. 在上面均匀摆放上棉花糖。

10. 烤箱以上、下火 160℃预热，蛋糕模放入烤箱，烤约 20 分钟。

11. 取出后，在桌面震荡几下，待凉后用抹刀分离蛋糕体四周边缘与模具粘连部分，脱模。

12. 用刀将蛋糕平均切分成 3 份，摆盘。

「大理石磅蛋糕」

时间：35～40分钟

材料 Material

蛋糕糊

无盐黄油---120 克

细砂糖------- 60 克

鸡蛋液------100 克

低筋面粉---110 克

泡打粉--------- 3 克

可可粉--------- 5 克

抹茶粉--------- 5 克

做法 Make

1. 将室温软化的无盐黄油倒入搅拌盆中，加入细砂糖，搅拌均匀，再用电动打蛋器将其打发。

2. 分 2 次加入鸡蛋液，搅拌均匀。

3. 将做法 2 的混合物分成 3 份。

4. 1 份筛入 40 克低筋面粉及 1 克泡打粉，搅拌均匀，制成原味蛋糕糊。

5. 1 份筛入 35 克低筋面粉、1 克泡打粉及可可粉，搅拌均匀，制成可可蛋糕糊。

6. 最后 1 份筛入 35 克低筋面粉、1 克泡打粉及抹茶粉，搅拌均匀，制成抹茶蛋糕糊。

7. 将原味蛋糕糊、可可蛋糕糊及抹茶蛋糕糊依次倒入铺好油纸的模具中，抹匀。

8. 放入预热至 180℃的烤箱中烘烤 25~30 分钟，至蛋糕体积膨大。取出放凉，脱模即可。

Chapter 4

松香可口烤面包

咬一口，满满的小麦香气扑鼻而来，口腔中麦芽糖的清甜随即弥漫开来，触动你的味蕾，拭去你的饥饿，仿佛夏日午后和煦的日光，温暖而又轻柔。

「宝宝面包棒」

时间: 107～114 分钟

材料 Material

面团

高筋面粉---350 克

细砂糖------- 30 克

酵母粉--------- 2 克

水--------200 毫升

无盐黄油---- 30 克

盐------------- 1 克

做法 Make

1. 将面团材料中的所有粉类（除盐外）放入大盆中，拌匀，再加入水，拌匀并用手揉至面团起筋。

2. 加入无盐黄油和盐，慢慢揉均匀，至面团表面变光滑。

3. 把面团放入盆中，包上保鲜膜进行基本发酵约 25 分钟。

4. 取出发酵好的面团，擀成厚约 0.5 厘米的长方形，用刀切成约 2 厘米宽的长形棒状，在切好的面团表面喷少许水，松弛 10 ～ 15 分钟。

5. 将松弛好的棒状面团放在烤盘上，表面喷少许水，发酵约 50 分钟（在发酵的过程中注意给面团保湿，每过一段时间可以喷少许水）。

6. 将烤盘放入烤箱中层，以上、下火180℃烤12~14分钟，至表面上色，取出即可。

「草莓白烧」

时间：105～110 分钟

看视频学烘焙

材料 Material

面团

高筋面粉-------- 250 克

细砂糖------------ 15 克

酵母粉-------------2 克

原味酸奶---------- 25 克

牛奶------------ 25 毫升

水--------------150 毫升

无盐黄油---------- 15 克

盐--------------------5 克

内馅

草莓果酱------- 200 克

白巧克力纽扣 ---150 克

做法 Make

1. 将面团材料中的所有粉类（除盐外）放入大盆中，搅拌均匀。

2. 加入原味酸奶、牛奶和水，用橡皮刮刀由内向外搅拌均匀，放在操作台上，揉至面团起筋。

3. 加入无盐黄油和盐，通过揉和甩打，将面团揉至光滑。

4. 放入盆中，盖上保鲜膜进行基本发酵约 20 分钟。

5. 取出发酵好的面团，分成 3 等份，分别揉圆后，擀成长圆形，在面团表面喷少许水，松弛 10~15 分钟。

6. 表面抹上一层草莓果酱，放上白巧克力纽扣。

7. 由面团较短的一边开始卷成圆筒状，稍压扁，将圆筒两端收口捏紧。放在烤盘上，最后发酵约 50 分钟。

8. 烤箱以上火 150℃、下火 220℃预热，将烤盘置于烤箱中层，烤约 15 分钟，取出放凉即可。

看视频学烘焙

「蜂蜜奶油甜面包」

时间：84～89分钟

材料 Material

面团

高筋面粉---165 克

奶粉------------8 克

细砂糖-------40 克

酵母粉---------3 克

鸡蛋液-------28 克

牛奶-------40 毫升

水----------28 毫升

无盐黄油----20 克

盐--------------2 克

装饰

无盐黄油丁-50 克

蜂蜜-----------适量

细砂糖--------适量

全蛋液-------适量

做法 Make

1. 将面团材料中的粉类（除盐外）放入大盆中，拌匀。再倒入鸡蛋液、牛奶和水，拌匀，并揉成不粘手的面团。

2. 加入无盐黄油和盐，通过揉和甩打，将面团混合均匀，将面团揉圆放入盆中，包上保鲜膜发酵约 13 分钟。

3. 取出发酵好的面团，分割成 3 等份，并揉圆，表面喷少许水，松弛 10~15 分钟。

4. 分别用擀面杖擀成长圆形，由较长的一边开始卷起，成圆筒状，稍压扁，放在烤盘上最后发酵约 40 分钟（在发酵的过程中注意给面团保湿，每过一段时间可以喷少许水）。

5. 在发酵好的面团表面刷上全蛋液和蜂蜜。

6. 用剪刀在面团表面剪出闪电状的装饰。

7. 在面团表面均匀地放上无盐黄油丁，撒上细砂糖。

8. 烤箱以上、下火 200℃预热，将烤盘置于烤箱中层，烤约 11 分钟，取出即可。

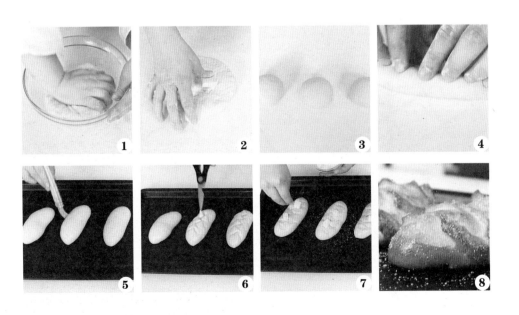

「莲蓉莎翁」 时间：83～88分钟

看视频学烘焙

材料 Material

面团

高筋面粉---165 克

细砂糖------ 40 克

奶粉------------8 克

酵母粉--------- 3 克

鸡蛋液------- 28 克

牛奶------- 40 毫升

水---------- 28 毫升

无盐黄油---- 20 克

盐--------------- 2 克

内馅

莲蓉--------120 克

其他

细砂糖------- 适量

色拉油------- 适量

做法 Make

1. 将面团材料中的粉类（除盐外）放入大盆中，拌匀。

2. 再倒入牛奶、鸡蛋液和水，拌匀并揉成不粘手的面团。

3. 加入无盐黄油和盐，通过揉和甩打，将面团混合均匀。

4. 将面团揉圆放入盆中，包上保鲜膜发酵约 13 分钟。

5. 取出发酵好的面团，分割成 4 等份，并揉圆，在表面喷少许水，松弛 10~15 分钟。

6. 分别把小面团稍擀平，每个包入 30 克莲蓉，收口捏紧，揉圆。把面团均匀地放在烤盘上，最后发酵 40 分钟（在发酵的过程中注意给面团保湿，每过一段时间可以喷少许水）。

7. 把色拉油倒入锅中烧热，放入面团炸至表面呈金黄色。

8. 将面团夹出，放在网架上，稍放凉后，蘸上细砂糖即可食用。

看视频学烘焙

「马卡龙面包」

时间：120～125分钟

材料 Material

马卡龙淋酱

蛋白---------- 30 克

细砂糖------- 90 克

杏仁粉------- 40 克

核桃碎------- 50 克

面团

高筋面粉--- 250 克

奶粉----------- 8 克

酵母粉-------- 4 克

盐-------------- 2 克

细砂糖------- 50 克

无盐黄油---- 25 克

蛋黄----------- 1 个

水-------- 140 毫升

做法 Make

1. 在蛋白中加入 90 克细砂糖，用电动打蛋器充分打发后，加入杏仁粉和核桃碎，拌匀，制成马卡龙淋酱。

2. 把面团材料中的所有粉类放入大盆中，拌匀后，加入蛋黄和水，拌匀并揉成团。

3. 加入无盐黄油，揉至无盐黄油被完全吸收。

4. 把面团放入盆中，盖上保鲜膜基本发酵约 15 分钟。

5. 取出面团，分成 4 等份，表面喷少许水，松弛 20~25 分钟后，分别擀成椭圆形，卷起成柱状，两端收口捏紧，搓成长条。

6. 将长条形面团两端交叉呈"又"字形，再拧成"8"字形，收口处捏合，然后把面团放在烤盘上，最后发酵约 50 分钟（在发酵的过程中注意给面团保湿，每过一段时间可以喷少许水）。

7. 待发酵完毕后，淋上马卡龙淋酱。

8. 烤箱以上、下火 180℃预热，将烤盘置于烤箱中层，烤约 15 分钟，取出即可。

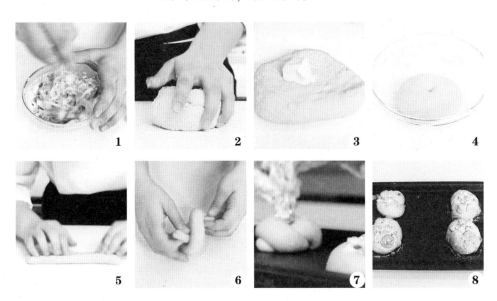

「抹茶司康」

时间：45 分钟

材料 Material

面团

低筋面粉---210 克

抹茶粉------ 10 克

泡打粉--------- 4 克

盐-------------- 1 克

细砂糖------ 50 克

无盐黄油---115 克

鸡蛋-----------1 个

牛奶------ 30 毫升

杏仁片------100 克

做法 Make

1. 把细砂糖和 100 克无盐黄油放入搅拌盆中，用电动打蛋器搅打成蓬松羽毛状。

2. 加入打散的鸡蛋，边加边搅拌均匀。

3. 加入牛奶，边加边搅拌均匀。

4. 加入盐，拌匀。

5. 加入杏仁片，拌匀。

6. 筛入低筋面粉、抹茶粉和泡打粉，拌匀并揉成团。

7. 用擀面杖将面团擀开成长方形，切成 8 等份，放在烤盘上，表面刷上 15 克室温软化的无盐黄油。

8. 烤箱以上火 180℃、下火 185℃预热，将烤盘置于烤箱中层，烤约 25 分钟至面包上色即可。

「巧克力星星面包」

时间：145～150 分钟

看视频学烘焙

材料 Material

面团

高筋面粉	270 克
低筋面粉	30 克
酵母粉	3 克
细砂糖	30 克
牛奶	200 毫升
盐	2 克
无盐黄油	30 克

内馅

榛果巧克力酱	100 克

装饰

鸡蛋液	适量

做法 Make

1. 将面团材料中的粉类（除盐外）放入大盆中，拌匀。再倒入牛奶，拌匀并揉成不粘手的面团。

2. 加入无盐黄油和盐，通过揉和甩打，将面团混合均匀。

3. 将面团揉圆放入盆中，包上保鲜膜发酵 30 分钟。

4. 取出发酵好的面团，分割成 4 等份，并揉圆，表面喷少许水，松弛 20~25 分钟。稍压扁，用擀面杖擀成圆片状，切出直径 20 厘米的圆面皮。

5. 在一片圆面皮上均匀地涂上榛果巧克力酱，覆盖上另一片圆面皮，重复三次，至完成三层夹馅，放入烤盘。

6. 用刀在面团的边缘均匀地切开 8 等份，把切开的边缘按逆时针翻转，最后发酵 55 分钟。待发酵完后，表面刷上一层鸡蛋液。烤箱以上火 175℃、下火 170℃预热，将烤盘置于烤箱中层，烤 18~20 分钟至表面呈金黄色。

看视频学烘焙

「南瓜面包」

时间：116～123分钟

材料 Material

面团

高筋面粉---270 克

低筋面粉---- 30 克

酵母粉--------- 4 克

南瓜泥------200 克

蜂蜜---------- 30 克

牛奶------- 30 毫升

无盐黄油---- 30 克

盐-------------- 2 克

装饰

南瓜子-------- 适量

做法 Make

1. 把牛奶倒入南瓜泥中，拌匀，加入蜂蜜，拌匀。

2. 把面团材料中的所有粉类（除盐外）放入大盆中，拌匀。

3. 加入做法 1 中的材料，拌匀并揉成团。把面团取出，放在操作台上，揉匀。

4. 加入盐和无盐黄油，继续揉至完全融合，制成一个光滑的面团，放入盆中，盖上保鲜膜发酵 20 分钟。

5. 取出面团，分成 6 等份，并揉圆，在表面喷少许水，松弛 10~15 分钟。

6. 分别把面团稍压平，用剪刀在面团边缘均匀地剪出 6~8 个小三角形。

7. 把面团均匀地放在烤盘上，最后发酵 50 分钟（在发酵的过程中注意给面团保湿，每过一段时间可以喷少许水），待发酵好后，表面放上几颗南瓜子。

8. 烤箱以上火 175℃、下火 170℃预热，将烤盘置于烤箱中层，烤 16~18 分钟至面包表面呈金黄色即可。

「甜甜圈 」

时间：100～105分钟

材料 Material

面团

高筋面粉---250 克

奶粉---------- 10 克

细砂糖------- 50 克

酵母粉--------2 克

盐-------------- 3 克

鸡蛋液------- 12 克

水---------145 毫升

橄榄油---- 25 毫升

其他

糖粉----------- 适量

食用油------- 适量

做法 Make

1. 将面团材料中的粉类（除盐外）放入大盆中，拌匀。

2. 再倒入鸡蛋液、水、盐和橄榄油，拌匀，揉成面团。取出面团放在操作台上，继续揉至可以撑出薄膜。

3. 放入盆中，盖上保鲜膜，发酵 20 分钟。

4. 取出面团，分成 2 等份，揉圆，表面喷少许水，松弛 10~15 分钟。

5. 分别把两个面团擀成长圆形，由较长的一边开始卷起成圆筒状。

6. 将圆筒状面团的一端搓尖，另一端往外推压变薄。

7. 将面团尖端放置于压薄处，捏紧收口，放在烤盘中，最后发酵 50 分钟（在发酵的过程中注意给面团保湿，每过一段时间可以喷少许水）。

8. 锅中放入食用油，待烧热后放入面团，炸至表面金黄色，出锅放凉，在表面撒少许糖粉装饰即可。

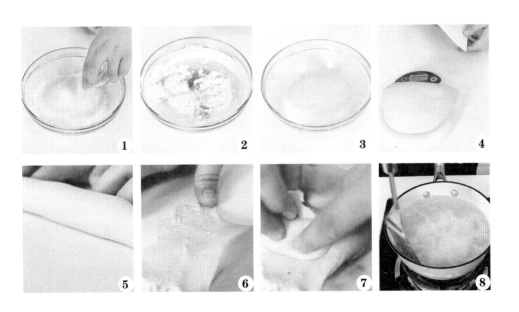

「火腿芝士堡」

时间：105～110 分钟

看视频学烘焙

材料 Material

面团

高筋面粉---250 克

细砂糖------- 25 克

酵母粉--------- 2 克

奶粉----------- 7 克

鸡蛋液------- 25 克

蛋黄--------- 13 克

牛奶------- 25 毫升

水--------167 毫升

无盐黄油---- 45 克

盐------------- 4 克

内馅

火腿----------- 4 片

芝士----------- 4 片

做法 Make

1. 将面团材料中的粉类（除盐外）放入大盆中拌匀。

2. 加入鸡蛋液、蛋黄、牛奶和水，拌匀并揉成团。

3. 加入无盐黄油和盐，通过揉和甩打，将面团混合均匀。

4. 把面团放入盆中，盖上保鲜膜，发酵约 20 分钟。

5. 取出发酵好的面团，分成 4 等份，并揉圆，喷少许水，松弛 10~15 分钟。

6. 分别把面团擀成正方形的薄面片，各包入一片火腿和芝士。

7. 面团前后折起，再将左右包起，放在烤盘上最后发酵约 40 分钟（在发酵的过程中注意给面团保湿，每过一段时间可以喷少许水），待发酵完后在面团表面斜划三刀。

8. 烤箱以上火 220℃、下火 160℃预热，将烤盘置于烤箱中层，烤约 15 分钟，取出即可。

「金枪鱼面包」

时间： 117 ～ 122 分钟

材料 Material

面团

高筋面粉---200 克

酵母粉---------2 克

细砂糖------ 20 克

鸡蛋-----------1 个

水---------- 90 毫升

盐-------------2 克

无盐黄油---- 20 克

内馅

金枪鱼罐头---1 罐

玉米---------- 50 克

沙拉酱------- 40 克

盐------------ 适量

黑胡椒------- 适量

做法 Make

1. 将面团材料中的粉类放入大盆中拌匀。

2. 加入打散的鸡蛋和水，拌匀并揉成团。

3. 加入无盐黄油，揉至完全融合。

4. 把面团放入盆中，包上保鲜膜，发酵约 25 分钟。

5. 把内馅中的所有材料放入另一个盆中，拌匀。

6. 取出发酵好的面团，分成 5 等份，揉圆，表面喷少许水，松弛 10~15 分钟。

7. 分别把小面团稍擀平，包入适量的内馅，收口捏紧，然后放在烤盘上发酵约 50 分钟（在发酵的过程中注意给面团保湿，每过一段时间可以喷少许水）。

8. 发酵好后，用剪刀在面团表面剪出十字。烤箱以上、下火 180℃预热，将烤盘置于烤箱中层，烤约 12 分钟即可。

「卡仕达柔软面包」

时间：130分钟

材料 Material

面团

高筋面粉---250 克

盐--------------- 5 克

细砂糖------- 15 克

酵母粉--------- 3 克

原味酸奶---- 25 克

牛奶------- 25 毫升

水---------150 毫升

无盐黄油---- 15 克

卡仕达馅

牛奶------- 90 毫升

无盐黄油---- 12 克

细砂糖------- 60 克

蛋黄---------- 50 克

低筋面粉---- 21 克

芝士片--------3 片

做法 Make

1. 将高筋面粉、盐、15 克细砂糖及酵母粉放入搅拌盆中，用手动打蛋器搅拌均匀。

2. 倒入水、牛奶和原味酸奶，搅拌至完全融合。

3. 加入 15 克无盐黄油，用手将材料揉成面团，揉约 15 分钟，至面团起筋后，将其放入搅拌盆中，用保鲜膜包好，发酵约 15 分钟。

4. 将 90 毫升牛奶、12 克无盐黄油及 35 克细砂糖混合加热至 90℃，关火，冷却备用。

5. 将蛋黄及 25 克细砂糖倒入碗中，搅拌均匀，再加入低筋面粉拌匀。

6. 分多次加入做法 4 中的混合物，再加入芝士片，一起倒入锅中，煮至黏稠状内馅，放凉后装入裱花袋中。

7. 取出面团分成 4 个等份的小面团，并揉至光滑，用保鲜膜将面团包好放在一旁，表面喷少许水，松弛约 15 分钟。

8. 取出松弛好的面团，稍微擀平，挤入做法 6 中的内馅，再将面团整成光滑的圆面团，摆放在烤盘上，最后发酵约 50 分钟（每过一段时间可以喷少许水）。烤箱以 180℃预热，将烤盘置于烤箱的中层，烘烤约 15 分钟。

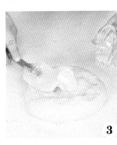

看视频学烘焙

「果干麻花辫面包」

时间： 125 ～ 130 分钟

材料 Material

面团

高筋面粉---200 克

低筋面粉---- 50 克

酵母粉--------- 4 克

细砂糖------- 50 克

鸡蛋------------1 个

牛奶------100 毫升

盐--------------2 克

无盐黄油---- 30 克

蔓越莓干---100 克

（温水泡软）

装饰

鸡蛋液-------- 适量

白巧克力液- 50 克

（隔水熔化）

做法 Make

1. 把面团材料中的所有粉类（除盐外）放入大盆中，拌匀。

2. 加入打散的鸡蛋和牛奶，拌匀并揉成团。把面团取出，放在操作台上，揉匀。

3. 加入盐和无盐黄油，继续揉至完全融合成为一个光滑的面团。

4. 将面团压扁，加入蔓越莓干，用橡皮刮刀将面团重叠切拌均匀后，放入盆中，盖上保鲜膜，发酵约20分钟。

5. 把发酵好的面团分成 9 等份，分别捏成柱状，表面喷少许水，松弛 10~15 分钟，然后搓成 15 厘米长的条状。

6. 像编辫子一样拧好后，均匀地放在烤盘上，最后发酵约 60 分钟（在发酵的过程中注意给面团保湿，每过一段时间可以喷少许水）。

7. 待发酵完后，在面团表面刷上鸡蛋液。

8. 烤箱以上火 185℃、下火 180℃预热，将烤盘置于烤箱中层，烤约 15 分钟，取出放凉，挤上白巧克力液即可。

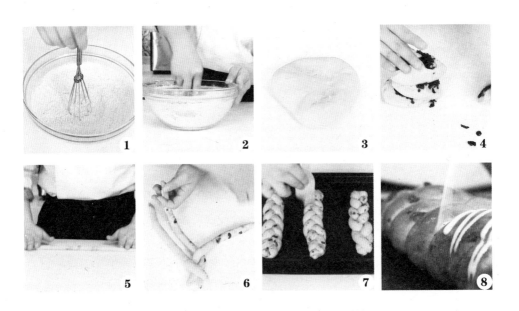

「蔓越莓芝士球」

时间：120 ～ 125 分钟

看视频学烘焙

材料 Material

面团

高筋面粉---250 克

酵母粉--------2 克

麦芽糖--------2 克

水--------172 毫升

盐------------5 克

无盐黄油------7 克

蔓越莓干---- 50 克

（温水泡软）

内馅

芝士丁------110 克

做法 Make

1. 将面团材料中的粉类（除盐外）放入大盆中，加入麦芽糖和水，拌匀并揉成团。

2. 加入无盐黄油和盐，通过揉和甩打，将面团混合均匀。

3. 包入蔓越莓干，收口捏紧，将面团切成 4 等份，叠加在一起，揉匀，放入盆中，盖上保鲜膜，发酵约 20 分钟。

4. 取出发酵好的面团，分成 4 等份，并揉圆，表面喷少许水，松弛 10~15 分钟。

5. 分别把面团稍压扁，等份包入芝士丁，收口捏紧，放在烤盘上，发酵约 55 分钟。

6. 待发酵完后，在面团表面撒上少许高筋面粉，用剪刀剪出十字。烤箱以上火 240℃、下火 220℃预热，将烤盘置于烤箱中层，烤约 15 分钟，取出即可。

「柠檬多拿滋」

时间： 110～115 分钟

看视频学烘焙

材料 Material

面团

马铃薯泥---100 克

高筋面粉---270 克

低筋面粉---- 30 克

酵母粉--------- 2 克

细砂糖------- 50 克

盐-------------- 1 克

鸡蛋----------- 1 个

无盐黄油---- 30 克

牛奶------- 80 毫升

内馅

柠檬蛋黄酱-- 适量

装饰

细砂糖-------- 适量

做法 Make

1. 将面团材料中的粉类（除盐外）放入大盆中，拌匀，再倒入液体类材料和马铃薯泥，拌匀并揉成不粘手的面团。

2. 加入无盐黄油和盐，通过揉和甩打，至完全融合。

3. 将面团揉圆放入盆中，包上保鲜膜，发酵约 30 分钟。

4. 将柠檬蛋黄酱装入裱花袋中，在裱花袋尖端剪一个小口。

5. 取出面团，分割成 6 等份，表面喷少许水，松弛 10~15 分钟。稍压扁，分别挤入少许柠檬蛋黄酱，收口捏紧，并揉圆。

6. 把面团均匀地放在操作台上，静置发酵约 50 分钟（每过一段时间可以喷少许水）。

7. 锅中倒油，待油烧热后，将小面团放入锅内炸至金黄色，起锅。

8. 在面包表面撒上一层细砂糖，即可食用。

看视频学烘焙

「香辣肉松面包」

时间： 110～115 分钟

材料 Material

面团

高筋面粉---165 克

细砂糖------- 40 克

奶粉----------- 8 克

酵母粉--------- 3 克

鸡蛋液------- 16 克

牛奶------- 50 毫升

水---------- 30 毫升

无盐黄油---- 20 克

盐-------------- 2 克

装饰

炼奶----------- 8 克

香辣肉松---100 克

做法 Make

1. 把面团材料中的粉类（除盐外）放入大盆中，拌匀。

2. 加入鸡蛋液、牛奶和水，拌匀并揉成团。把面团取出，放在操作台上，揉匀。

3. 加入盐和无盐黄油，揉成一个光滑的面团，放入盆中，盖上保鲜膜，发酵约 15 分钟。

4. 取出面团，分成 6 等份，表面喷少许水，松弛 10~15 分钟，分别用擀面杖擀成椭圆形。

5. 把面团两端向中间对折，卷起成橄榄形。

6. 然后均匀地放在烤盘上，最后发酵约 50 分钟（在发酵的过程中注意给面团保湿，每过一段时间可以喷少许水）。

7. 烤箱以上火 185℃、下火 170℃预热，将烤盘置于烤箱中层，烤约 15 分钟。

8. 取出后在面包表面刷上炼奶，撒上香辣肉松即可。

看视频学烘焙

「滋味肉松卷」

时间：93～95分钟

材料 Material

面团

高筋面粉---250 克

即食燕麦片- 50 克

酵母粉--------2 克

细砂糖------ 20 克

牛奶------210 毫升

鸡蛋-----------1 个

盐--------------1 克

无盐黄油---- 30 克

内馅

肉松---------100 克

芝士碎------- 80 克

装饰

鸡蛋液------- 适量

香草---------- 适量

做法 Make

1. 把面团材料中的粉类（除盐外）和即食燕麦片放入大盆中，拌匀。

2. 加入打散的鸡蛋及牛奶，拌匀并揉成团。把面团取出，放在操作台上，揉匀。

3. 加入盐和无盐黄油，继续揉至完全融合，成为一个光滑的面团，放入盆中，盖上保鲜膜，基本发酵约 15 分钟。

4. 取出面团，稍压扁，用擀面杖擀成方形。

5. 在面团表面撒上芝士碎和肉松。

6. 将面团卷成柱状，两端收口捏紧，底部捏合。

7. 用刀切成 10 等份，放在烤盘上最后发酵 40 分钟（在发酵的过程中注意给面团保湿，每过一段时间可以喷少许水）。完成发酵后，在面团表面刷一层鸡蛋液并撒上香草。

8. 烤箱以上火 180℃、下火 190℃预热，烤盘放入烤箱中层，烤 18~20 分钟至面包表面呈金黄色即可。

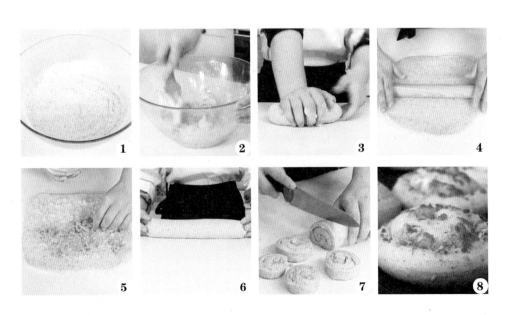

「烤培根薄饼」 时间：80分钟

看视频学烘焙

材料 Material

面团

高筋面粉---250 克

盐--------------5 克

酵母粉---------2 克

水--------175 毫升

无盐黄油---- 35 克

乳酪丁------- 50 克

火腿丁------- 50 克

培根---------- 50 克

沙拉酱------- 适量

鸡蛋液------- 适量

做法 Make

1. 将高筋面粉、盐及酵母粉放入搅拌盆中，用手动打蛋器搅拌均匀。

2. 倒入水，用橡皮刮刀搅拌均匀后，用手揉面团约 15 分钟，至面团起筋。

3. 在面团中揉入无盐黄油至完全融合，呈光滑的面团。

4. 面团放入碗中，盖上保鲜膜，发酵约 15 分钟。

5. 取出面团，用刮板将面团对半切开，分别揉成圆形，再用保鲜膜包好，表面喷少许水，松弛15分钟,取出面团,将其擀成圆片状。

6. 将面片放入烤盘，在表面刷上鸡蛋液。

7. 用叉子在面饼的中间戳出气孔，再依次将火腿丁、培根及乳酪丁放在面饼的表面，最后挤上沙拉酱。

8. 烤箱以上、下火 190℃预热，烤盘置于烤箱中层，烘烤约 15 分钟，至面包表面呈金黄色即可。

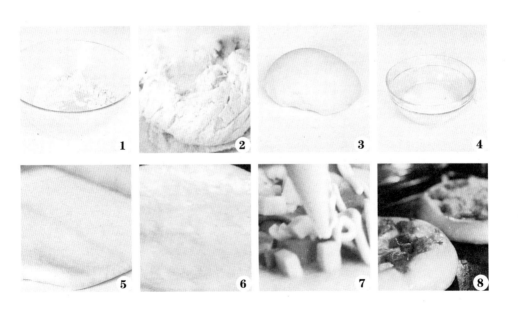

1　2　3　4

5　6　7　8

「爱尔兰苏打面包」

时间： 100～105 分钟

看视频学烘焙

材料 Material

面团

中筋面粉---250 克

细砂糖------- 30 克

泡打粉--------8 克

牛奶------160 毫升

盐-------------3 克

无盐黄油---- 50 克

酵母粉--------2 克

装饰

中筋面粉----- 适量

做法 Make

1. 将面团材料中的粉类（除盐外）放入大盆中拌匀。

2. 加入牛奶，拌匀并揉成团。

3. 加入无盐黄油和盐，慢慢揉均匀。

4. 把面团放入盆中，盖上保鲜膜发酵约 10 分钟。

5. 待面团发酵好后，将其分成 3 等份，分别揉圆，表面喷少许水，松弛 10~15 分钟。

6. 把面团放在烤盘上，发酵约 30 分钟（在发酵的过程中注意给面团保湿，每过一段时间可以喷少许水），表面撒适量中筋面粉。

7. 用小刀在面团表面划出十字。

8. 烤箱以上火 200℃、下火 180℃预热，将烤盘置于烤箱中层，烤约 30 分钟，取出即可。

「大蒜佛卡夏」

时间： 130 ～ 140 分钟

看视频学烘焙

材料 Material

面团

高筋面粉---200 克

细砂糖--------5 克

酵母粉--------2 克

水--------120 毫升

橄榄油------8 毫升

盐-------------2 克

装饰

橄榄油------- 适量

大蒜--------- 10 片

迷迭香--------4 克

做法 Make

1. 将面团材料中的粉类（除盐外）放入大盆中拌匀。

2. 加入水和 8 毫升橄榄油，拌匀并揉成团。

3. 加入盐，慢慢揉均匀。

4. 把面团放入盆中，盖上保鲜膜，发酵约 25 分钟。

5. 取出发酵好的面团，分成 2 等份，搓成椭圆形，表面喷少许水，松弛 10~15 分钟。

6. 将 2 个椭圆形面团用擀面杖擀成长扁圆形，放在烤盘上，发酵约 60 分钟（每过一段时间可以喷少许水）。

7. 在发酵好的面团上刷上少许橄榄油，用手指在面团表面压几个洞，压入大蒜，撒上迷迭香。

8. 烤箱以上火 210℃、下火 190℃预热，将烤盘置于烤箱中层，烤 15~20 分钟，取出即可。

「萨尔斯堡」

时间： 125 分钟

材料 Material

面团

高筋面粉---250 克

海盐------------5 克

酵母粉---------2 克

黄糖糖浆------2 克

水---------172 毫升

无盐黄油------8 克

调料

培根------------3 片

乳酪---------100 克

黑胡椒粉----- 适量

做法 Make

1. 将高筋面粉、海盐及酵母粉放入搅拌盆中，用手动打蛋器搅拌均匀。

2. 将黄糖糖浆倒入水中，搅拌至完全融合后，倒入做法 1 的混合物中，用橡皮刮刀搅拌均匀后，用手揉面团 15 分钟，至面团起筋。

3. 在面团中加入无盐黄油，用手揉至完全融合，呈光滑的面团。

4. 将面团放入碗中，盖上保鲜膜，发酵约 15 分钟。

5. 将发酵好的面团分成 3 等份，表面喷少许水，松弛 15 分钟。

6. 用擀面杖稍微擀一下面团，再将面团反过来轻轻拍打，排出空气，在面团两边拉出一个三角形。再把切好的乳酪丁依次排列在面团上，最后放上一片培根。

7. 包好面团，发酵 35 分钟（在发酵的过程中注意给面团保湿，每过一段时间可以喷少许水），将面团放在烤盘上，用剪刀剪出开口，撒上黑胡椒粉。

8. 烤箱以上火 220℃、下火 210℃预热，烤盘放入中层，烘烤约 25 分钟即可。

看视频学烘焙

「法式蔬菜乳酪面包」

时间：90分钟

材料 Material

面团

高筋面粉---250 克

盐------------ 10 克

酵母粉--------2 克

糖粉-----------2 克

清水------175 毫升

内馅

乳酪丁------- 50 克

青椒丁------- 40 克

红椒丁------- 40 克

色拉油------5 毫升

细砂糖--------5 克

做法 Make

1.将色拉油、青椒丁、红椒丁、细砂糖及 5 克盐放入碗中,搅拌均匀备用。

2.高筋面粉、5 克盐及酵母粉放入搅拌盆中, 用打蛋器搅拌均匀。

3.倒入清水, 用橡皮刮刀搅拌均匀后, 用手揉面团 15 分钟, 至面团起筋。再加入做法 1 的混合物及乳酪丁,与面团混合, 揉匀。

4.将揉好的面团放在碗中, 用保鲜膜封好, 发酵约 15 分钟。

5.用擀面杖擀平面团, 对折, 然后将面团对半切开。

6.将面团放置在烤盘上, 最后发酵约 30 分钟(在发酵的过程中注意给面团保湿,每过一段时间可以喷少许水)。

7.在发酵好的面团表面撒上糖粉, 用小刀在面团中心划一道浅口。

8.烤箱以上、下火 200℃预热, 烤盘置于烤箱中层, 烘烤约 10 分钟, 至面包表面呈金黄色即可。

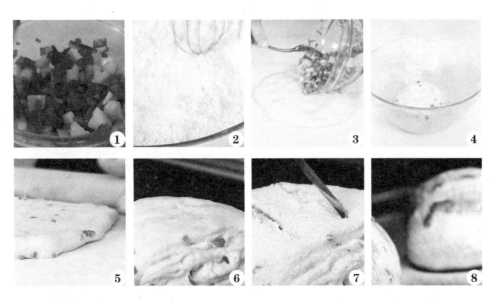

看视频学烘焙

「蓝莓吐司」

时间：165 分钟

材料 Material

面团

高筋面粉---300 克

酵母粉---------6 克

盐---------------6 克

细砂糖-------- 10 克

无盐黄油---- 25 克

内馅

蓝莓果酱---120 克

清水------- 80 毫升

做法 Make

1. 把蓝莓果酱倒入清水中拌匀，备用。

2. 把面团材料中的粉类（除盐外）放入大盆中，拌匀。

3. 加入做法 1 的混合物，拌匀并揉成团。把面团取出，放在操作台上，揉圆。

4. 加入盐和无盐黄油，揉至完全融合，成为一个光滑的面团。

5. 把面团放入盆中，盖上保鲜膜，基本发酵约 20 分钟。

6. 取出发酵好的面团，用擀面杖擀平成长方形，卷成柱状，底部和两端收口捏紧。

7. 放入吐司模中，最后发酵约 90 分钟（在发酵的过程中注意给面团保湿，每过一段时间可以喷少许水），至七分满模。将吐司模放在烤盘上。烤箱以上火 180℃、下火 170℃预热，将烤盘置于烤箱中层，烤约 35 分钟，取出即可。

「枫叶红薯面包」

时间：165～170分钟

材料 Material

面团

高筋面粉---280 克

酵母粉--------2 克

细砂糖------- 20 克

鸡蛋-----------1 个

牛奶------120 毫升

盐--------------2 克

无盐黄油---- 45 克

黑芝麻--------8 克

白芝麻--------8 克

装饰

红薯----------- 适量
（煮熟切块）

枫叶糖浆---- 40 克

无盐黄油---- 45 克

做法 Make

1. 将 40 克无盐黄油和枫叶糖浆倒小锅中，隔水加热熔化，备用。

2. 把面团材料中的粉类（除盐外）放入大盆中，拌匀。加入打散的鸡蛋、牛奶、黑芝麻和白芝麻，拌匀并揉成团。

3. 把面团取出，放在操作台上，揉匀。

4. 加入盐和 45 克无盐黄油，揉至完全融合，成为一个光滑的面团，放入盆中，盖上保鲜膜，基本发酵约 15 分钟。

5. 取出发酵好的面团，分割成 21 等份并揉圆，表面喷少许水，松弛 10~15 分钟。

6. 每个小面团均匀地蘸上熔化好的黄油糖浆。红薯块放入剩余的黄油糖浆中拌匀，与小面团一起间隔着放入吐司模中。5 克无盐黄油用微波炉加热（10 秒）熔化后，均匀地刷在面团表面。

7. 盖上吐司模的盖子，最后发酵约 90 分钟（在发酵的过程中注意给面团保湿，每过一段时间可以喷少许水）至七分满模。吐司模放在烤盘上。

8. 烤箱以上火 190℃、下火 180℃预热，将烤盘置于烤箱中层，烤约 30 分钟，取出放凉后即可食用。

「可可葡萄干面包」

时间： 130～135 分钟

材料 Material

面团

高筋面粉---285 克

可可粉------- 15 克

细砂糖------- 30 克

酵母粉--------- 3 克

牛奶------200 毫升

无盐黄油---- 30 克

盐-------------- 1 克

葡萄干------- 50 克

装饰

高筋面粉----- 适量

做法 Make

1. 把材料中的粉类（除盐外）放入大盆中，拌匀。

2. 加入牛奶，拌匀，揉成面团。把面团放在操作台上，揉匀。

3. 加入盐和无盐黄油，揉至完全融合，成为一个光滑的面团。

4. 将面团压扁，加入葡萄干，四周向中心包起来。

5. 用橡皮刮刀将面团切成两半，叠起后再切两半，将四块面团放入盆中，盖上保鲜膜，基本发酵约 25 分钟。

6. 把发酵好的面团分成 2 等份，用擀面杖分别把两个面团擀成椭圆形，然后两端向中间对折，卷起成橄榄形，表面喷少许水，松弛 10~15 分钟。把面团均匀地斜放在烤盘上，最后发酵约 60 分钟（在发酵的过程中注意给面团保湿，每过一段时间可以喷少许水）。

7. 待发酵完后，撒上高筋面粉，用小刀在表面斜划 2 刀。

8. 烤箱以上火 185℃、下火 180℃预热，将烤盘置于烤箱中层，烤约 15 分钟，取出即可。

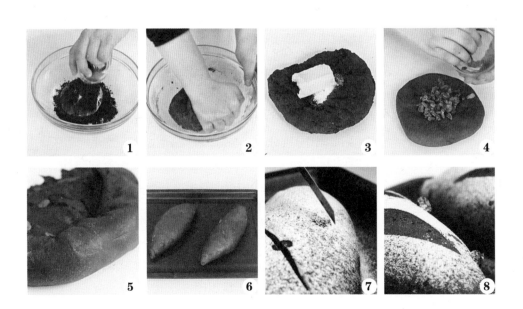

「双色心形面包」

时间：118 分钟

 材料 Material

南瓜面团

南瓜泥------ 45 克

高筋面粉---- 75 克

酵母粉-------- 1 克

盐------------- 1 克

细砂糖-------- 8 克

牛奶------- 15 毫升

无盐黄油------ 8 克

原味面团

高筋面粉---- 75 克

酵母粉-------- 1 克

盐------------- 1 克

细砂糖------- 75 克

牛奶------- 50 毫升

无盐黄油----- 8 克

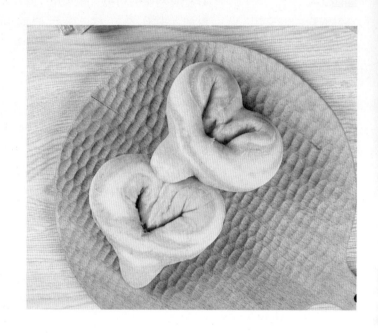

做法 Make

1. 将南瓜面团的材料（除无盐黄油外）放入大碗中，拌匀，揉成一个光滑的面团。

2. 把面团放在操作台上，加入无盐黄油，揉至完全融合。将面团放入盆中，盖上保鲜膜发酵约 20 分钟。

3. 将原味面团材料按南瓜面团的做法操作。将原味面团和南瓜面团分别分成 2 等份。原味面团揉圆，南瓜面团压扁，把原味面团包入南瓜面团中，表面喷少许水，松弛约 10 分钟。

4. 将松弛后的面团用擀面杖擀成长扁圆形，右端稍往外推压变薄，卷成长条形。

5. 将卷成长条形的面团用刀切开（不要切断），展开成 V 字形，两条边分别往中间对折成心形，放入烤盘最后发酵约 50 分钟。

6. 烤箱以上火 160℃、下火 155℃预热，将烤盘置于烤箱中层，烤约 18 分钟，取出即可。

「全麦鲜奶卷」

时间: 108 ～ 115 分钟

看视频学烘焙

材料 Material

面团

高筋面粉---270 克

全麦面粉---- 30 克

酵母粉--------- 3 克

细砂糖------- 30 克

牛奶------205 毫升

无盐黄油---- 25 克

盐-------------- 1 克

装饰

牛奶---------8 毫升

做法 Make

1. 把面团材料中的粉类（除盐外）放入大盆中，拌匀。

2. 加入牛奶，拌匀并揉成团。把面团放在操作台上，继续揉匀。

3. 加入盐和无盐黄油，揉至完全融合，成为一个光滑的面团。放入盆中，盖上保鲜膜，发酵约 15 分钟。

4. 取出面团，分成 4 等份，分别揉圆，再搓成长条的水滴形，表面喷少许水，松弛 10~15 分钟。

5. 用擀面杖从面团的一端往另一端擀平。

6. 将面团卷起，底部捏合，均匀地放在烤盘上，最后发酵约 45 分钟（每过一段时间可以喷少许水）。

7. 在发酵好的面团表面刷上一层牛奶。

8. 烤箱以上火 170℃、下火 165℃预热，将烤盘置于烤箱中层，烤 18~20 分钟至面包表面呈金黄色即可。

看视频学烘焙

「欧陆红莓核桃面包」

时间：127～132分钟

材料 Material

面团

高筋面粉----------200 克

全麦面粉-----------45 克

黑糖------------------20 克

酵母粉--------------- 2 克

温水------------ 150 毫升

橄榄油-----------16 毫升

盐--------------------- 5 克

红莓干碎-----------35 克

核桃碎--------------35 克

装饰

高筋面粉------------适量

做法 Make

1. 将黑糖倒入温水中，搅拌至溶化。

2. 将面团材料中的粉类（除盐外）放入大盆中，拌匀。再倒入做法 1 的混合物、橄榄油和盐，拌匀，放在操作台上，揉成不粘手的面团。

3. 加入核桃碎和红莓干碎，用橡皮刮刀将面团重叠搅拌均匀。

4. 将面团揉圆，放入盆中，包上保鲜膜，发酵约 20 分钟。

5. 取出发酵好的面团，分成 2 等份，并揉圆，表面喷少许水，松弛 10~15 分钟。

6. 分别把两个面团擀成椭圆形，然后把面团两端向中间对折，卷起成橄榄形。

7. 把整形好的面团放在烤盘上，最后发酵约 50 分钟（每过一段时间可以喷少许水），发酵好后在面团表面撒上适量高筋面粉。

8. 烤箱以上火 180℃、下火 175℃预热，将烤盘置于烤箱中层，烤约 27 分钟，取出即可。

「双色熊面包圈」

时间：130 分钟

材料 Material

可可面团

高筋面粉---250 克

细砂糖------- 50 克

可可粉------- 15 克

奶粉------------7 克

速发酵母------2 克

水---------125 毫升

鸡蛋液------- 25 克

无盐黄油---- 25 克

盐-------------- 2 克

原味面团

高筋面粉---250 克

细砂糖------- 50 克

奶粉------------7 克

速发酵母------2 克

水---------125 毫升

鸡蛋液------- 25 克

无盐黄油---- 25 克

盐-------------- 2 克

装饰

黑巧克力笔

做法 Make

1. 准备一个大盆，倒入可可面团材料中的高筋面粉、细砂糖、奶粉、速发酵母及可可粉，用手动打蛋器把材料拌匀，加入鸡蛋液和水，用橡皮刮刀慢慢混合均匀，揉成面团。

2. 将面团放在操作台上，用手将面团用力甩打，一直重复此动作至面团光滑，加入无盐黄油和盐，揉至完全融合，用喷雾器在表面喷上水，盖上保鲜膜或湿布松弛约30 分钟，制成可可面团。参照上述做法制作出原味面团。

3. 从原味面团中分出 3 个 45 克和 6 个 8 克的小面团搓圆，从可可面团中分出 3 个 45 克和 6 个 8 克的小面团搓圆，分别作为黑熊、白熊的头部和耳朵。

4. 把 45 克的揉圆的黑白面团间隔着放入直径 15 厘米中空模具中。

5. 盖上湿布发酵约 60 分钟至 2 倍大。

6. 分别放上黑熊和白熊的耳朵（8 克的小面团）。

7. 烤箱以上火 190℃、下火 175℃预热，烤约 20 分钟至表面上色，脱模放凉。

8. 用黑巧克力笔画上小熊的鼻子和眼睛即可。

「羊咩咩酥皮面包」

时间：112 分钟

材料 Material

面团

高筋面粉---270 克

低筋面粉---- 30 克

速发酵母---- 12 克

牛奶------110 毫升

水----------- 55 毫升

鸡蛋液------- 50 克

细砂糖------- 30 克

无盐黄油---- 30 克

盐-------------- 2 克

装饰

酥皮------------2 张

鸡蛋液-------- 少许

南瓜子--------- 4 粒

黑芝麻------- 20 粒

做法 Make

1. 将所有粉类材料（除盐外）放入搅拌盆中拌匀，分次加入水、牛奶及鸡蛋液拌匀成团。

2. 面团放在操作台上，加入无盐黄油和盐，混合均匀。用手抓住面团的一角，将面团向桌子上用力甩打，重复至面团光滑。

3. 将面团揉圆，放入盆中，盖上保鲜膜松弛30分钟。

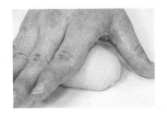

4. 取出面团，将面团平均分成2等份，把面团的光滑面翻折出来，收口捏紧，搓成椭圆形。

5. 放在油布上，面团表面喷少许水，盖上保鲜膜，发酵约45分钟至2倍大。同时烤箱以上火180℃、下火170℃预热。

6. 在发酵好的面团表面刷上少许鸡蛋液。

7. 取酥皮，用剪刀修成适合面团表面大小的形状，盖到面团的2/3处，底部和尾部收紧。

8. 将南瓜子插入涂抹鸡蛋液的酥皮中，装饰成耳朵；黑芝麻沾少许鸡蛋液，装饰成眼睛。

9. 放入烤箱烤约17分钟至表面呈金黄色，取出。

「抹茶樱花面包」

时间：98 ～ 105 分钟

(材料) Material

面团

高筋面粉---250 克

抹茶粉---------5 克

速发酵母------4 克

细砂糖------ 15 克

水---------- 85 毫升

牛奶------100 毫升

无盐黄油---- 18 克

盐--------------2 克

红豆馅------120 克

装饰

盐渍樱花----- 适量

(做法) Make

1. 准备一个大碗，放入高筋面粉。

2. 放入抹茶粉及速发酵母。

3. 放入细砂糖，用手动打蛋器搅拌均匀。

4. 加入牛奶和水，用橡皮刮刀拌匀，揉成团。

5. 将面团放在操作台上，用手将面团用力甩打，重复此动作至面团光滑。

6. 加入无盐黄油和盐，揉至完全融合，揉圆放入盆中。

7. 用喷雾器在表面喷少许水，盖上保鲜膜或湿布松弛 15~20 分钟。

8. 将松弛好的面团分成 6 等份，揉圆；红豆馅分成 6 等份，搓圆。

9. 将小面团压扁，包入 1 份红豆馅，收口捏紧，揉圆。

10. 盖上湿布，发酵约 50 分钟，至面团呈 2 倍大。

11. 把面团放在铺了油布的烤盘上，表面放上 1 朵泡掉盐分的樱花，放入预热至 170℃的烤箱中，烤 13~15 分钟，取出即可。

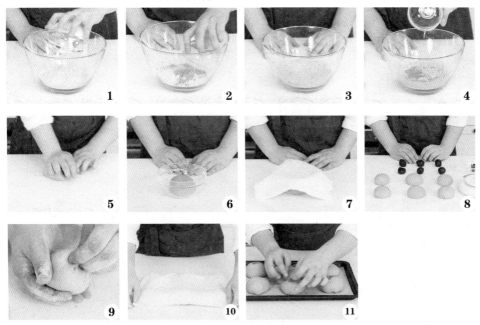

Chapter 5

精致浪漫小甜点

　　橱窗里的精致甜点，总是让人驻足神往，诱人的造型是不是让你忍不住每个都想尝一口？翻开甜点新篇章，浪漫甜点通通带回家，让你摇身一变成为甜点小达人。

「巧克力蓝莓派」

时间: 48 分钟

材料 Material

派皮

无盐黄油--------65 克

糖粉--------------45 克

鸡蛋液-----------15 克

低筋面粉------100 克

巧克力馅

苦甜巧克力-----50 克

淡奶油---------100 克

草莓香甜酒---25 毫升

杏仁内馅

无盐黄油--------62 克

细砂糖-----------62 克

鸡蛋液-----------50 克

杏仁粉-----------62 克

装饰

椰丝粉-----------适量

蓝莓--------------80 克

做法 Make

1. 派皮制作方法参照第 173 页做法 1 至做法 4。

2. 将无盐黄油和细砂糖倒入搅拌盆中，搅拌均匀。

3. 倒入杏仁粉，用橡皮刮刀搅拌至无干粉状态，再用手动打蛋器搅打均匀。

4. 分 3 次倒入鸡蛋液，边倒边搅拌至完全融合的状态，制成杏仁内馅。

5. 将苦甜巧克力放入小钢盆里，隔水加热，搅拌至完全熔化。

6. 依次倒入淡奶油和草莓香甜酒，以橡皮刮刀拌匀，制成巧克力馅。

7. 将杏仁内馅装入烤好的派皮里，用抹刀抹匀，再倒上巧克力馅，抹匀。

8. 放上洗净的蓝莓，在派皮周围撒上椰丝粉即可。

「糖渍香橙乳酪挞」

时间： 23 分钟

材料 Material

挞皮

无盐黄油------ 130 克

糖粉-------------- 90 克

鸡蛋液---------- 30 克

杏仁粉---------- 90 克

低筋面粉------ 200 克

内馅

奶油奶酪------ 250 克

糖粉-------------- 20 克

橙酒---------- 12 毫升

葡萄干---------- 40 克

蜜渍橙丁------- 30 克

装饰

彩色糖针-------- 适量

做法 Make

1. 将无盐黄油及 90 克糖粉倒入搅拌盆中，搅拌均匀。

2. 分次加入鸡蛋液，边倒边搅拌均匀。

3. 将杏仁粉和低筋面粉筛入搅拌盆中，用橡皮刮刀搅拌至无干粉状态，再用手揉搓成面团。

4. 在操作台上铺上保鲜膜，再放上面团，用保鲜膜包裹住面团，再用擀面杖将面团擀成厚薄一致的薄面皮。

5. 打开保鲜膜，取下面皮放在模具上，用擀面杖轻擀表面，去掉多余的面皮。然后用手围着挞皮内壁轻轻按压，用叉子在挞皮底部均匀戳上小孔。将挞皮放在烤盘上，移入已预热至 180℃ 的烤箱中层，烤约 13 分钟后取出。

6. 将奶油奶酪倒入另一搅拌盆中，再倒入 20 克糖粉、橙酒、葡萄干和蜜渍橙丁，用手动打蛋器搅拌均匀，制成内馅。倒入烤好的挞皮里，用抹刀抹平，再撒上一圈彩色糖针即可。

「法式苹果卷」

时间：30 分钟

材料 Material

高筋面粉---150 克
核桃---------- 50 克
色拉油---- 12 毫升
葡萄干------- 15 克
水--------- 90 毫升
无盐黄油---- 25 克
苹果-----------1 个
鸡蛋液------- 适量
糖粉---------- 少许

做法 Make

1. 将高筋面粉（留少许备用）倒入搅拌盆里，倒入水，混合均匀。

2. 倒入 15 克无盐黄油，揉捏成面团。

3. 将面团沾上少许高筋面粉，再放在操作台上将面团揉至光滑。慢慢将面团向左右两端往外撑开，直到面团变成薄薄的、能透光的面皮，待用。

4. 将洗净的苹果对半切开，去核，再改切成薄片。

5. 平底锅中倒入色拉油加热，倒入苹果片，翻炒均匀至苹果片变软。再加入剩余的无盐黄油，翻炒出香味，倒入葡萄干及核桃，翻炒均匀，关火，待用。

6. 在操作台上铺上保鲜膜，再放上薄面皮。将炒好的材料铺在薄面皮上，让面皮包裹住材料，往前滚动卷起来。

7. 在贴合处表面刷上少许水，再继续卷完，制成苹果卷。将两端折进去收口。在苹果卷表面刷上鸡蛋液。

8. 将苹果卷放至烤盘中，放入预热至190℃的烤箱中层，烤约15分钟至表面上色，取出放凉，切块、撒上糖粉即可。

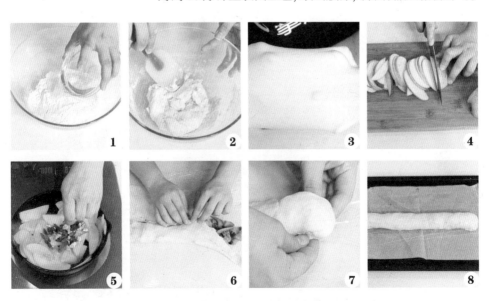

1 2 3 4
5 6 7 8

「烤菠萝派」

时间：38分钟

材料 Material

派皮

无盐黄油---- 65 克

糖粉---------- 45 克

鸡蛋液------- 15 克

低筋面粉---100 克

杏仁内馅

无盐黄油---- 62 克

细砂糖------- 62 克

鸡蛋液------- 50 克

杏仁粉------- 62 克

装饰

菠萝片------- 75 克

南瓜子------- 少许

草莓-----------1 个

做法 Make

1. 在搅拌盆中放入 65 克无盐黄油，再倒入 45 克糖粉，用手动打蛋器将材料搅拌均匀。

2. 倒入 15 克鸡蛋液，继续搅拌均匀。

3. 将低筋面粉过筛至搅拌盆中，用橡皮刮刀搅拌至无干粉状态，成为一个面团。用两片保鲜膜覆盖起来，放在操作台上，用擀面杖将其擀成厚度约为 0.5 厘米的面皮。

4. 撕开保鲜膜，将面皮铺在圆形模具上，用擀面杖擀去模具以外的面皮，再用橡皮刮板沿着模具周围将多余的面皮切掉，制成派皮坯。用叉子在底部均匀戳上小孔，放入冰箱冷藏 5 分钟，再放入已预热至 180℃ 的烤箱中层，烤约 18 分钟后取出。

5. 将 62 克无盐黄油和细砂糖倒入另一搅拌盆中，用手动打蛋器搅拌均匀。倒入杏仁粉，用橡皮刮刀搅拌至无干粉状态，再用手动打蛋器搅打均匀。

6. 分 3 次倒入 50 克鸡蛋液，边倒边搅拌至完全融合，制成杏仁内馅。倒入烤好的派皮里，用抹刀抹匀。

7. 再将菠萝片放在杏仁内馅上摆成一圈。

8. 最后在中间放上对半切开的草莓，撒上切碎的南瓜子。

1   2   3   4

5   6   7   8

「烤苹果派」

时间：33 分钟

材料 Material

派皮

无盐黄油---- 65 克

糖粉---------- 45 克

鸡蛋液------- 15 克

低筋面粉---100 克

卡仕达内馅

卡仕达粉---- 40 克

牛奶------100 毫升

装饰

苹果-----------1 个

杏仁碎------- 少许

做法 Make

1. 派皮制作方法参考第 173 页做法 1 至做法 4。

2. 将卡仕达粉倒入搅拌盆中，边倒入牛奶边搅拌，使材料混合均匀。

3. 持续搅拌至呈稠状，提起手动打蛋器材料不易滑落即可，制成卡仕达内馅。

4. 将卡仕达内馅倒入烤好的派皮里，再用橡皮刮刀抹平。

5. 将苹果切开、去核，再切成薄片，浸泡在冰水中，以免氧化变黑。

6. 捞出苹果片，一片一片摆在卡仕达内馅上形成一个完整的圈。

7. 最后撒上少许杏仁碎作装饰即可。

「白松露巧克力」

时间: 70 分钟

材料 Material

无盐黄油---- 25 克
苦甜巧克力- 60 克
淡奶油------ 25 克
白兰地---- 10 毫升
防潮糖粉----- 少许

做法 Make

1. 将切碎的苦甜巧克力装入小钢盆里，隔水加热熔化，再搅拌均匀。

2. 倒入淡奶油，搅拌均匀。

3. 倒入无盐黄油，搅拌均匀。

4. 倒入白兰地，搅拌均匀，制成巧克力糊，放入冰箱冷藏1 个小时。

5. 将巧克力糊装入放有圆形裱花嘴的裱花袋里。

6. 垂直在盘中挤出大小一致的球状，再向上拉高，使之成为圆底尖头的巧克力球。

7. 将防潮糖粉筛至巧克力球表面即可。

「生巧克力」

时间：70分钟

材料 Material

苦甜巧克力--- 125 克

无盐黄油------- 38 克

淡奶油--------- 112 克

可可粉---------- 10 克

玉米糖浆------- 10 克

做法 Make

1. 将苦甜巧克力放入钢盆里，隔水加热熔化，搅拌至巧克力质地光滑。

2. 倒入淡奶油，搅拌均匀，至提起刮板时，附在上面的巧克力能够顺利地流下来即可。

3. 倒入无盐黄油，搅拌均匀。

4. 倒入玉米糖浆，继续搅拌，制成巧克力溶液。

5. 取边长15厘米方形慕斯框，用保鲜膜包裹底部，将巧克力溶液倒入慕斯框中，放入冰箱冷藏1个小时。

6. 取出冷藏好的巧克力，脱去保鲜膜，放在铺有一层可可粉的砧板上，将巧克力切成大小一致的方块，裹上可可粉，装入盘中即可。

「榛果巧克力雪球」

时间: 70 分钟

材料 Material

无盐黄油-------20 克
苦甜巧克力--- 112 克
淡奶油----------60 克
玉米糖浆-------12 克
榛果粒----------25 克
可可粉----------10 克

做法 Make

1. 将切碎的苦甜巧克力装入小钢盆里，隔水加热熔化，搅拌均匀。

2. 倒入淡奶油，搅拌均匀。

3. 倒入无盐黄油，混合均匀。

4. 稍放凉，倒入玉米糖浆，放入冰箱冷藏 1 个小时。

5. 取出后，用电动打蛋器搅拌，制成巧克力糊。

6. 将巧克力糊装入放有圆形裱花嘴的裱花袋里。

7. 在烤盘中挤出大小一致的球状巧克力糊，再向上拉高，使之成为圆底尖头的巧克力球。

8. 放上榛果粒，将可可粉筛到表面即可。

「樱桃甜心千层酥饼」

时间： 65 分钟

材料 Material

酥饼

无盐黄油------125 克

细砂糖---------- 50 克

鸡蛋液---------- 35 克

蛋黄------------ 10 克

低筋面粉-------240 克

樱桃果酱

细砂糖---------- 90 克

果冻粉-----------3 克

樱桃白兰地 ---15 毫升

装饰

新鲜樱桃--------- 适量

淡奶油----------- 适量

开心果碎--------- 少许

做法 Make

1. 将无盐黄油及 50 克细砂糖倒入搅拌盆中，用电动打蛋器搅打至发白状态。

2. 先后分次加入全蛋液及蛋黄，边倒边搅拌均匀。

3. 将低筋面粉筛入搅拌盆中，翻拌成无干粉的面团。

4. 操作台上铺上保鲜膜，放上面团，再盖一层保鲜膜，将面团擀成厚薄一致的面皮，放入冰箱冷藏约 30 分钟。

5. 取出后撕开保鲜膜，用刀分切成若干个长方形面皮，制成酥饼坯。放在铺有油纸的烤盘上，放入预热至170℃的烤箱中层，烤约 20 分钟至表面上色，取出放凉。

6. 将樱桃白兰地及 90 克细砂糖倒入平底锅中，开小火，搅拌至细砂糖完全融化。

7. 倒入果冻粉，搅拌均匀，制成樱桃果酱，装入裱花袋。

8. 取一块烤好的酥饼，挤上樱桃果酱，再盖上一块酥饼。

9. 将淡奶油倒入搅拌盆中打发，挤在做法 8 的酥饼上。

10. 放上切半的新鲜樱桃，再撒上开心果碎即可。

「法式薄饼」

时间：73 分钟

材料 Material

鸡蛋液------ 35 克

细砂糖------ 10 克

牛奶------150 毫升

低筋面粉---- 60 克

泡打粉--------- 2 克

无盐黄油---- 20 克

橙皮丁------ 20 克

橄榄油------- 适量

甜奶油------- 适量

淡奶油 ------ 适量

草莓片------- 适量

炼乳---------- 适量

做法 Make

1. 将鸡蛋液、细砂糖及牛奶倒入搅拌盆中，搅拌均匀。

2. 筛入低筋面粉及泡打粉，搅拌至无干粉状态。

3. 将无盐黄油隔水加热熔化，倒入做法 2 的混合物中，搅拌均匀，筛入另一搅拌盆中。

4. 倒入 15 克橙皮丁，静置约 1 个小时，制成薄饼糊。

5. 平底锅中刷上少许橄榄油，倒入适量薄饼糊，摊平，用中小火煎约 3 分钟。

6. 放入 5 克橙皮丁，继续煎一会儿至饼底呈金黄色。

7. 将饼皮翻面，折成三角形，再煎一会儿，盛出放入盘中。

8. 将甜奶油及淡奶油放入新的搅拌盆中，用电动打蛋器快速打发，装入裱花袋中。挤在煎好的薄饼上，再放上草莓片，挤上炼乳即可。

「草莓巧克力」

材料 Material

草莓---------- 10 颗
黑巧克力---100 克
白巧克力---100 克
彩色糖粒----- 适量

做法 Make

1. 将白巧克力和黑巧克力分别装入两个搅拌盆中。

2. 将两个搅拌盆放入热水中隔水加热。

3. 边加热边搅拌盆中的巧克力至完全熔化。

4. 将一个草莓插在棒棒糖棍上,均匀裹上一层白巧克力。

5. 取出另一个草莓插在另一个棒棒糖棍上,均匀裹上一层黑巧克力。

6. 最后在裹好巧克力的草莓表面撒上彩色糖粒,放凉即可。

「橙香烤布蕾」 时间：40分钟

材料 Material

牛奶------125 毫升

淡奶油------125 克

细砂糖------- 50 克

鸡蛋液------- 15 克

蛋黄---------- 40 克

橙酒------- 12 毫升

橙皮丁------- 适量

做法 Make

1. 将淡奶油、牛奶及细砂糖先后倒入钢盆中，开小火煮至沸腾，细砂糖完全溶化。

2. 将鸡蛋液和蛋黄倒入搅拌盆中，搅拌均匀。

3. 倒入做法 1 中的混合物，搅拌均匀。

4. 倒入橙酒，搅拌均匀。

5. 过筛至量杯中。

6. 倒入铸铁锅中，放置于装有清水的烤盘上。放入预热至 160°C 的烤箱中层，烤约 30 分钟。

7. 取出烤好的布蕾，撒上橙皮丁即可。

「鸡蛋布丁」

时间：40 分钟

材料 Material

鸡蛋液------- 92 克

蛋黄---------- 12 克

细砂糖------- 26 克

牛奶------226 毫升

淡奶油------- 40 克

鸡蛋壳------- 若干

做法 Make

1. 将蛋黄及鸡蛋液倒入搅拌盆中，搅拌均匀。

2. 倒入细砂糖，搅拌均匀。

3. 倒入淡奶油，一边搅拌一边倒入牛奶，制成布丁液。

4. 将布丁液用滤网过滤一次。

5. 将鸡蛋壳放入玛芬模具中，在蛋壳里注入布丁液。

6. 将模具放入注有清水的烤盘中，放入烤箱内，以上、下火 160℃，烤约 30 分钟即可。

「卡仕达布丁」

时间: 310 分钟

材料 Material

细砂糖------ 80 克
水--------- 15 毫升
鸡蛋------------2 个
牛奶------250 毫升
橙酒------- 10 毫升
香草荚------ 1/4 条

做法 Make

1. 将 30 克细砂糖和 15 毫升水倒入小锅中，边加热边搅拌煮至焦色。

2. 将焦糖糖浆倒入布丁杯中做底。

3. 鸡蛋打散，加入 25 克细砂糖，搅拌均匀。

4. 将牛奶、25 克细砂糖及橙酒倒入小锅中，加入剪碎的香草荚，煮至沸腾。

5. 将做法 4 的混合物加入到做法 3 中，边加入边搅拌，用筛网过滤一遍，制成布丁液。

6. 将布丁液倒入布丁杯中，放置于注有清水的烤盘上，放进预热至 150℃的烤箱中层，烘烤约 1 小时，取出放凉，放入冰箱冷藏 4 小时。

「法式焦糖烤布蕾」

时间：40分钟

材料 Material

牛奶------125 毫升

无盐黄油---125 克

细砂糖-------50 克

鸡蛋液-------15 克

蛋黄----------40 克

草莓-----------适量

做法 Make

1. 将无盐黄油、牛奶及细砂糖（留少许备用）倒入钢盆中，开小火煮至沸腾，至细砂糖完全溶化。

2. 将鸡蛋液和蛋黄倒入搅拌盆中，搅拌均匀。

3. 将做法 1 中的混合物倒入，搅拌均匀。

4. 过筛至量杯中，去掉杂质。

5. 倒入布蕾模具，将模具放置于注有清水的烤盘上。将烤盘放入预热至 160℃ 的烤箱中层，烤约 30 分钟。

6. 取出烤好的布蕾，撒上剩余细砂糖，用喷枪将表面的细砂糖烤成焦糖。

7. 将切好的草莓片放在布蕾上即可。

1 2 3 4

5 6 7

「芝麻麻薯」

时间：30 分钟

材料 Material

熟黑芝麻粉- 30 克

细砂糖------- 35 克

糯米粉------- 80 克

清水------100 毫升

色拉油------- 适量

做法 Make

1. 将熟黑芝麻粉和 15 克细砂糖倒入小玻璃碗中，搅拌均匀，制成芝麻糖粉。

2. 将糯米粉倒入大玻璃碗中，再放入清水和 20 克细砂糖，搅拌至细砂糖完全溶化，制成糯米粉浆。

3. 将平底锅烧热，倒入糯米粉浆，用橡皮刮刀翻拌均匀。

4. 改用中小火，将糯米糊翻拌成比较有黏性的麻薯。

5. 双手带上透明手套，抹上少许色拉油，将做法 4 中的麻薯分成若干个小球状。

6. 将小球状麻薯稍稍压扁，包入芝麻糖粉，再在表面均匀裹上芝麻糖粉即可。

「棉花糖」

时间： 70 分钟

材料 Material

蛋白---------- 35 克

细砂糖------ 150 克

葡萄糖浆---- 50 克

清水------- 30 毫升

吉利丁片---- 10 克

香草精--------- 4 克

粟粉---------- 适量

做法 Make

1. 将细砂糖、葡萄糖浆及清水倒入锅中，加热至沸腾（约100℃）。

2. 将泡软的吉利丁片隔水加热至熔化。

3. 将蛋白倒入搅拌盆中，用电动打蛋器打至发泡，尖端会垂下来的状态。

4. 将做法1的混合物慢慢倒入做法3中，边倒入边搅拌均匀。

5. 加入香草精，继续搅拌。

6. 倒入熔化后的吉利丁片搅拌均匀，再倒入底部封好保鲜膜的方形慕斯框中，在通风处放置1小时至凝固形成棉花糖。

7. 撕下底部的保鲜膜，在棉花糖的两面都撒上粟粉，用刀沿慕斯框边沿将棉花糖体脱模，再切成棉花糖块即可。

「法式小泡芙」

时间： 40分钟

材料 Material

泡芙壳

无盐黄油---100 克

清水------125 毫升

牛奶------125 毫升

低筋面粉---150 克

鸡蛋液------200 克

卡夫芝士粉-- 适量

内馅

卡仕达粉---- 40 克

牛奶------100 毫升

装饰

白巧克力----- 适量

彩针糖------- 适量

做法 Make

1. 将无盐黄油、牛奶及清水倒入锅中，开小火煮至沸腾。

2. 待水分逐渐减少，将低筋面粉筛入锅中，用橡皮刮刀翻拌，制成无干粉的面团。

3. 一边用电动打蛋器搅打面团，一边分次加入鸡蛋液，使其混合均匀成柔软的固态乳霜状面糊。

4. 将面糊装入套有圆形裱花嘴的裱花袋里。

5. 取烤盘，铺上油纸，在油纸上挤出面糊，边绕圈边往上提，使之呈半球状。

6. 在表面撒上卡夫芝士粉，将烤盘放入预热至190℃的烤箱，烤约10分钟，取出，制成原味泡芙壳。

7. 将卡仕达粉倒入搅拌盆中，边倒入牛奶边搅拌，至其呈稠状，提起手动打蛋器不易滑落，制成卡仕达内馅。

8. 将卡仕达内馅装入放有圆形裱花嘴的裱花袋里，再挤入泡芙壳底部。

9. 将白巧克力隔水加热熔化，将泡芙壳表面朝下均匀蘸取白巧克力液。

10. 撒上彩针糖，待白巧克力凝固即可。

「豆香牛奶糖」

时间: 130 分钟

 材料 Material

淡奶油------160 克
细砂糖------130 克
果糖----------22 克
黄豆粉------- 30 克
无盐黄油---- 16 克

做法 Make

1. 将淡奶油倒入小锅中加热至沸腾。

2. 取另一个小锅，放入果糖及 26 克细砂糖煮至焦色。分多次倒入做法 1 中搅拌均匀。

3. 将 104 克细砂糖及 24 克黄豆粉倒入做法 2 的混合物中，加热至 113~115℃，再倒入无盐黄油快速搅拌均匀。

4. 倒入边长 15 厘米方形慕斯框中，抹平，放入冰箱冷藏 2 小时以上至其凝固，形成牛奶糖。

5. 从冰箱中取出牛奶糖并脱模，切成若干个边长约 2 厘米的小方块。

6. 最后在牛奶糖表面筛上一层黄豆粉即可。

「 蔓越莓牛轧糖 」

时间: 25 分钟

材料 Material

熟花生仁---250 克

蔓越莓干---125 克

全脂奶粉---- 88 克

无盐黄油------ 3 克

细砂糖------ 80 克

麦芽糖------280 克

清水------ 50 毫升

盐-------------- 4 克

蛋白--------- 25 克

做法 Make

1. 熟花生仁放入预热至 170℃的烤箱中层，烘烤约 5 分钟至有香味。

2. 无盐黄油隔水加热熔化，再倒入全脂奶粉，搅拌均匀。

3. 取一个小锅，倒入 50 克细砂糖、麦芽糖、做法 1 中的熟花生仁，再加入清水，加热至 140℃，再倒入盐搅拌均匀，制成糖浆。

4. 将蛋白和 30 克细砂糖倒入新的搅拌盆中，用电动打蛋器打发至硬性发泡，制成蛋白霜。

5. 将糖浆分多次倒入蛋白霜中，继续搅拌均匀。

6. 加入做法 2 中的混合物，搅拌均匀。

7. 将蔓越莓干切碎，倒入做法 6 中，搅拌均匀。

8. 倒在油纸上，隔着油纸用擀面杖擀成厚度约为 1.5 厘米的糖片，冷却后切成小块即可。

「闪电泡芙」

时间：40 分钟

材料 Material

泡芙壳

无盐黄油---100 克

清水------125 毫升

牛奶------125 毫升

低筋面粉---150 克

鸡蛋液------200 克

香缇巧克力酱

淡奶油---------------100 克

细砂糖---------------10 克

黑巧克力--------------50 克

装饰

黑巧克力（切小条）----适量

防潮糖粉------------------适量

做法 Make

1. 将无盐黄油、牛奶及清水倒入锅中，开小火煮至沸腾。

2. 待水分逐渐减少，将低筋面粉筛入锅中，用橡皮刮刀翻拌，制成无干粉的面团。

3. 一边用电动打蛋器搅打面团，一边分次加入鸡蛋液，使其混合均匀成柔软的固态乳霜状面糊。

4. 将面糊装入套有裱花嘴的裱花袋里。

5. 在铺有油纸的烤盘上挤出长条状面糊，收尾时轻轻向上提起。放入预热至190℃的烤箱，烤约10分钟，取出放凉。

6. 将50克黑巧克力切碎放入小钢锅中隔水加热熔化，制成巧克力酱。

7. 将淡奶油倒入另一搅拌盆中，用电动打蛋器打发，倒入10克细砂糖，继续打发，制成香缇淡奶油。

8. 倒入做法6中的巧克力酱，搅打均匀，制成香缇巧克力酱。

9. 用抹刀将香缇巧克力酱抹在闪电泡芙上，放上黑巧克力条，再撒上防潮糖粉即可。

「黄桃泡芙」

时间：30分钟

材料 Material

泡芙壳

牛奶------- 62 毫升

无盐黄油---- 52 克

低筋面粉---- 62 克

鸡蛋液------100 克

清水------- 60 毫升

内馅

罐头水蜜桃-- 适量

淡奶油------- 50 克

细砂糖--------5 克

做法 Make

1. 将无盐黄油、清水及牛奶依次倒入钢盆中，边加热边搅拌，煮至沸腾，关火。

2. 筛入低筋面粉，用橡皮刮刀搅拌至无干粉状态。

3. 待钢盆降温至50℃左右，分2次倒入鸡蛋液，搅拌至完全融合，制成面糊。

4. 待面糊降至室温，将其装入放有锯齿形裱花嘴的裱花袋中。

5. 取烤盘,铺上油纸，再挤出若干个大小一致的花形面糊，放入预热至190℃的烤箱中层，烤约20分钟，至表面上色，取出放凉，用锯齿刀在侧面切出一个切口。

6. 将淡奶油和细砂糖倒入新的钢盆里，用电动打蛋器先慢速后快速搅打至发泡状态。

7. 装入放有裱花嘴的裱花袋中，挤入切口里。

8. 放上一片罐头水蜜桃，再挤上一撮打发的淡奶油即可。

「香草蛋白夹心饼」

时间: 130 分钟

材料 Material

蛋白饼

蛋白---------100 克

细砂糖------150 克

卡仕达酱

卡仕达粉---- 80 克

牛奶------200 毫升

装饰

圣女果-------- 适量

蓝莓----------- 适量

薄荷叶-------- 适量

做法 Make

1. 将蛋白倒入搅拌盆中，分 3 次倒入细砂糖，持续搅打至可提起鹰嘴状。

2. 将打发好的蛋白装入放有圆形裱花嘴的裱花袋里。

3. 取烤盘，铺上油纸，将打发好的蛋白以绕圈的方式在油纸上挤出旋涡状。

4. 将烤盘移入已预热 100℃的烤箱，烤约 2 个小时，取出放凉。

5. 将牛奶及卡仕达粉倒入搅拌盆中，搅拌均匀至稠状，制成卡仕达酱。

6. 取一片蛋白饼，以绕圈的方式挤上一层卡仕达酱，再盖上一片蛋白饼。

7. 在表面挤上少许卡仕达酱。

8. 再放上切半的圣女果、蓝莓及薄荷叶即可。

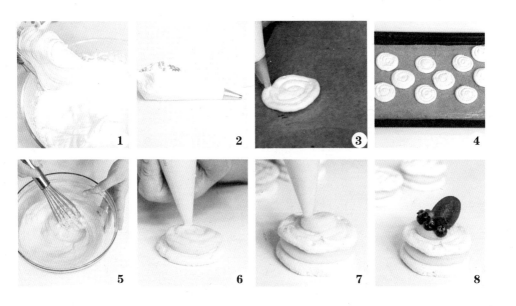

「芒果布丁」 时间：130 分钟

材料 Material

吉利丁片------ 5 克
牛奶------120 毫升
淡奶油------- 80 克
细砂糖------- 40 克
芒果酱------200 克
芒果丁------- 适量
薄荷叶------- 适量

做法 Make

1. 将吉利丁片用清水泡软，备用。

2. 将牛奶、淡奶油及细砂糖倒入锅中，加热煮至溶化。

3. 将做法 1 中的吉利丁片挤干水分，放入做法 2 中，搅拌至完全融合。

4. 倒入芒果酱，搅拌均匀。

5. 倒入玻璃杯中，冷却后放入冰箱冷藏 2 小时。

6. 最后放上芒果丁和薄荷叶即可。